JN153002

ひねり出す力

"たぶん"役立つ
サラリーマンLIFE！術

放送作家
内村宏幸

集英社

ひねり出す力

〝たぶん〟役立つサラリーマンＬＩＦＥ！術

目次

序章

気がつけば放送作家

内村家の独特な集い

我が内村家には、ある独特な集いがありました。子どもの頃、それはどこの家庭でもやっていることだと思っていましたが、どうやらそうではなく、我が親戚だけのことだと知ったのは、中学生になった頃でしょうか。

しかし、幼き頃のこの独特な集いでの体験が、体に刷り込まれ、今の仕事へ繋がっていることは紛れもない事実です。

九州南部の小さな盆地の半径三キロ圏内に、ほとんどの親戚が暮らしていて、毎年二回、お盆と正月になると、全員集合して宴を催すというのが我が内村家の慣例でした。そしてそこにはもちろん、歳の近いいとこで、後に〝ウッチャン〟と呼ばれることになる内村光良も、親戚の一員として参加していました。

その集いは、お盆は市内の花火大会の日に、正月は昼間から新年会と称して開催されました。正月の場合、子どもたちはここでそれぞれの親戚からお年玉をもらい、夜はテレビの前で姿勢を正して『新春かくし芸大会』を見る、というのが毎年の恒例行事でした。宴は、決まって族長から今回も全員元気で無事に集まれたことに対する感謝の意が述べられ、それをみな神妙な顔でじっと聞くところから始まります。僕や光良君（本書ではこう呼ぶことにします）も含めた子どもたちは、毎度繰り返されるこの儀式の間、グッと笑いを堪（こら）えて聞いていました。

一通りの挨拶が終わると乾杯が行われて宴がスタート。当時は、父親の兄弟四人で「内村商店」という雑貨卸売店を営んでいたので、まずは、商売がらみの真面目な話から始まりますが、そんなものはものの一五分くらい。地元の銘品である球磨（くま）焼酎の量が増してくると、あっという間に場は崩れ始め、大人たちの酔った豪快な笑い声があちらこちらから聞こえ始めます。

場所は、旅館の宴会場が多かったので、そこにはちょっとしたステージがあり、カラオケも装備されていました。冒頭の神妙な顔がウソだったように、けたたましい笑い声が響き、子どもがいることにも構わず、きつい下ネタが遠慮なく飛び交い始めます。小一時間経った頃になると、どこからともなくカラオケのイントロが聞こえてきます。音の方に振り返ると、いつの間にか一人がマイクを手にステージに立っています。カラオケのメロディを一切無視した調子はずれの歌声に、客席からは拍手や歓声がドッと上がります。

すると、一番を歌い終えたあたりで、今度は、客席の中から、別の一人が音に突き動かされたかのように、立ち上がって踊り出す姿が目に飛び込んできます。それも、ちょうど歌を聞くのにも飽き始めたなあという絶妙なタイミングでの乱入です。この計ったような絶妙すぎるタイミングには、毎度毎度本当に感心させられました。

しかし、このパフォーマンスで最も驚かされるのは、この歌い手と踊り手が決してコラボはしないということ。客の目なんか一切意識してないし、伴奏も関係なく歌いたい場所で歌いたいように歌い、踊りたいように踊る。誰よりも自分が心から楽しんでいるのです。それでも、見事なハーモニーになっているのが不思議で仕方ありませんでした。

この歌い手と踊り手というのが、いつも決まって、我が父と、光良君ちの父だったのです。僕らはこの二人を「内村家の加藤茶と志村けん」と呼んでいました。何の打ち合わせもなしに、毎回驚くべきコンビネーションを見せてくれるのです。

ある大雪の降った正月の集いでのこと、いつものように、〝茶〟と〝けん〟が、それぞれ最高のパフォーマンスで場を盛り上げていました。しかし、この時の二人の動きはいつも以上でした。

〝茶〟は、ステージで一通り歌った後、おもむろにステージを降りて窓の方に向かいます。何をするのか注目していると、窓を全開にして寒風が吹き込んでくるのもいとわず、埠頭(ふとう)に立つ石原裕次郎ばりに窓のさんに片足を乗せ、一面雪景色の外庭に向かって熱唱を始めました。あまりに悦に入ったその姿に圧倒され、誰も寒いから窓を閉めろとは言えませんでした。

すると、一方の踊っていた〝けん〟の方も負けてはいませんでした。ちょうどそこへ追加の焼酎を運んできた仲居さんの手を取り、社交ダンスさながらに踊り始めたのです。仲居さんも戸惑いながらも巻き込まれてしまいます。もちろん、〝茶〟を上回る笑いが起こりました。

その場所にあるものを使う頭の回転の速さ、突然起こったハプニングを利用する高いアドリブ性、まさにエンターテインメントの基本が凝縮されているような一場面でした。それは、ひいき目に見ても、親戚のオジサンがよくやるような程度の低い宴会芸では決してなく、心から笑えるレベルのものだったのです。笑うのを通り越して、感心さえしたものです。

こうして、子ども時代の僕と光良君は、人を楽しませるとは何かということの神髄を叩き込まれていたのかもしれません。

冒頭でも言ったように、この独特な集いが我が一族だけのことだと知ったのは、かなり後でした。しかし、このような環境の中で育ったおかげか、この一族から、テレビのバラエティ番組で仕事をする人間が二人も輩出することになったのです。

子どもの頃からウッチャン&あんちゃん

親戚の中で一番歳が近かったこともあって、光良君とは本当に仲が良く、物心ついた頃からしょっちゅう一緒に遊んでいました。小学生の頃は毎年、年賀状のやりとりで相手をいかに笑わせられるかを競っていました。小学生だったので、「今年は丑年ウッシッシ」くらいのレベルのものでしたが、年末になると、どう趣向を凝らしてやろうかと毎年真剣に考えていて結構大変な作業でした。

夏休みや冬休みになると、どちらかの家に泊まりがけで遊びに行っては、夜遅くまで最近見たテレビの話で盛り上がったり、アイドルの振りをまねしたり、フォークギターが流行っていた頃は、演奏前のＭＣから始め、井上陽水の『東へ西へ』を二人でギターを弾きながら歌って、それをカセットテープに録音もしました。

映像にもそんな類いのものが残っています。確か、光良君が高校三年生で、その頃はまだ大学を受験するつもりで、受験勉強に追われているという大変な時期に、「勉強を教えてくれ」という名目で我が家に泊まりに来ていました。二歳上の僕は大学生で、帰省中で暇を持て余していました。光良君は当時、高校生ながら自主映画を作っていて、八ミリフィルムのカメラというのを持っていたので、一応、勉強しようと机に向かっている彼をカメラで撮りながら、際限なくちょっかいを出し続けていました。夜中になって睡魔が襲ってきても、寝落ちしかけた彼の姿を容赦なく撮り続けました。脱がせたズボンを頭から被せ、ファスナーの部分から顔を出させて、その額に「内村」のハンコを押すという、意味不明の行為にまで及びました。この時の映像は、数年前に出てきたのをキッカケにデジタル化し、保存してあります。

番組宛にネタを投稿したこともあります。萩本欽一さんの番組が流行っていた頃、『欽ちゃんのドンとやってみよう！』という番組の中の「母と子の会話」というコーナーで、視聴者が送ったハガキが採用されると、母親役の欽ちゃんと子ども役のタレントさんが、そのままをテレビで演じてくれるというものでした。二人で必死にネタを考え、「母と子の会話」を何本かハガキに書いて番組宛に送ったのを覚えています。放送日になると「今日は読まれるかもしれない」とドキドキしながら見ていましたが、残念ながら一本も採用されることはありませんでした。

二人で漫才のまね事をやったこともあります。前述した我が一族の独特な宴は、実はあれで終わりではなく、大人たちがひとしきり盛り上げたところで、「じゃあ、子どもたちも何かやれ」という流れになり、僕たち子どもも、もれなく何か芸らしきものを披露しなければならなかったのです。簡単なマジックや、ものまね、替え歌などを、それぞれやることになるのですが、この宴会の時が近づくと、楽しみであった反面、何かネタを用意しなきゃというプレッシャーも感じていたのです。親戚の子どもたちには、女の子もちょうど同じくらいの数がいたので、どこか男vs女の図式も出来上がっていて、なぜか、女子チームには負けられないという妙な対抗意識も芽生えたりしたものです。

こうして、人を笑わせるためにはどうすればいいかに頭を使い、ネタを作り、出来上がったものを発表する。振り返ってみれば、子どもの頃から、その作業をやってきていたのだと、改めて思います。あの頃から四〇年以上経ちますが、今も、二人でネタを考え、形にして発表しています。やっていることは、あの子どもの頃と何も変わっていません。五〇代を迎えた今も、それができる環境にいることを、本当にありがたいと感じています。

作文が大嫌いだった

子どもの頃は、いたって地味でおとなしい性格でした。成績がトップクラスというわけでもなく、足も速くないし、水泳も溺れない程度に泳げるくらい、美しい声を持っているということもなく、クラスの人気者でもない、本当にこれといって秀でるものがない、目立たない存在でした。

中学ではバスケットボール部に入部しましたが、成長期がいつまで経っても訪れず、身長が伸びると思って入ったのに、大人用のジャージがいつまでもブカブカ。試合中はコートサイドから声を出すのが役割でした。四つ上の兄は、小・中・高校と陸上部の花形で、県の大会にいつも顔を出すほどの存在でした。部屋には兄が勝ち取った数々の賞状が、壁をぐるりと取り囲むように飾られていました。高校に入学した時など、弟というだけで陸上部からスカウトがやってきて、申し訳ない気持ちでいっぱいでした。体育の時間には、「兄貴はあんなに速いのに」と、先生からみんなの前で罵(ののし)られることもありました。

芸術のセンスも、とりわけ絵心に関しては、小学校二年生の時の担任によってバッサリと断たれてしまいました。忘れもしない図工の授業中、担任が美術専門の先生だったので、たびたび外で風景画を描かされていたのですが、毎度毎度、背景の空を青色に塗ることにどうしても飽きてしまった僕は、ある時、いつものように木々の絵を描くと、背景を気の向くまま紫色でベタ塗りして提出しました。するとその美術の先生は、クラスメイトの前で「紫色を使うのは、クレイジーな人間です」と言いました。たいそうショックを受けました。その瞬間から、僕は絵を描いちゃいけないのだと思い込み、それ以来、今もって絵を描くことはありません。心が成長する時期に、周りの大人の些細(ささい)なひと言は、非常に重大だと思います。

さらに言うと、作家という職業ながらどうかと思うのですが、正直、学生時代は作文というものが大嫌いでした。

小学校四年生くらいの国語の時間に「わたしの家族」というタイトルで作文を書けという課題が出た時、本当に一文字も書けなかったのです。もちろん、家族と一緒に暮らしていて毎日顔を合わせていましたが、いったい家族の何を書けばいいのか、まったく思い浮かばなかったのです。おそらく、その課題の大げさなタイトルにびびり、ヘタなことを書いたら家族が変に思われてしまう、そんな強迫観念があったように思います。

作文が嫌いだったので、夏休みの宿題として出される読書感想文も苦痛で仕方ありませんでした。高校二年生の夏休みに出された読書感想文の宿題、さて、どうしようかと思いあぐねていたところで、ふと部屋にあった雑誌が目に留まりました。

当時、親が勝手に定期購読にしていた学研の『高2コース』という雑誌。何気なくめくっていると、「読書感想文はこう書こう」という、願ってもない特集記事がありました。しかも漫画形式でわかりやすい。僕は、むさぼるように目を通しすぐに決意しました。「このやり方をまねて書いてみよう」。

題材に使われていたのは、芥川龍之介の「蜘蛛の糸」という作品。その全文が掲載されていて、重要な箇所に線が引かれ、事細かに文章の引用の仕方などが解説されていました。「蜘蛛の糸」は、三千文字くらいしかない非常に短い小説。それでさらにひらめいたのです。「読んだ本もこれにしよう」。

そこからは取り憑かれたように原稿用紙に向かい、そこに載っている手本通りに感想文を書き始めました。しかし、そこで少し悪知恵が働き、すべてを丸写しするのはやめて、本文の一部を適度に引用し、そこにさりげなく自分なりの考察をバランスよく入れていくことを思いつき、この方式で一気に書き上げていきました。結果から言うと、この感想文は、先生にものすごく褒められたのです。あやうくコンクールに出品されそうになりましたが、なんとかそれは免れました。作文は嫌いだったけど、「構成力」というものは、どうやら少し備わっていたようです。

作家になる三年くらい前はまだ大学生で、就職する気はさらさらなかったのに、一応、親を安心させるために、実は一社だけ、ある出版社の面接を受けたことがあります。これが唯一の就職活動で、その会社の就職試験には、面接と小論文というのがありました。小論文のテーマは「私の本棚」というものでした。もうこの頃には大人だったので、作文への恐怖心もなくなっていましたが、小論文という、それまで経験したことがないジャンルの文章だったので、またもや戸惑い、なかなかペンが動きませんでした。

課題の狙いは、それとなくわかっていたのですが、この時も素直に取り組む考えなどはなく、自分の部屋の本棚を見つめているうちに、並べられた本同士が会話をしたら面白いんじゃないか、とふと思いつき、最終的に、本棚の本を擬人化したコントのようなものを書いて提出しました。まだ素人ながら、わりといい出来だったような気がします。しかしながら、小論文とコントはまるで違うものだったようで、案の定、その後、連絡が来ることはありませんでした。

振り返って分析してみると、読書感想文では構成力を、就活の小論文では擬人化を習得していたのかもしれません。コント作家になるべくしてなったのかなと思っています。

衝撃のチャンネル数

今も変わらずそうですが、本当にテレビが好きな子どもでした。テレビから学んだことは数知れず、泣き、笑い、感動、いろんなものを受け取ってきました。小学生の頃から、夏休みや冬休みには、夜中二時頃まで夜更かしをして、深夜映画の放送が終わるまで、そして画面に〝砂の嵐〟が出てくるまでテレビに向かっていました。挙げ句、好きすぎてついにはテレビの中に入って仕事をするようになってしまったというわけです。

一八歳で高校を卒業するまで、熊本県人吉市という人口四万ほどの小さな盆地の街で育ちました。今でこそ民放は四つのチャンネルが映りますが、当時は二局しかなく、その二つのチャンネルの中で、いろんな系列の番組がごちゃ混ぜに放送されていて、ものすごく有名な番組がやってなかったり、東京とはまったく違った曜日、時間に放送されていたりで、混沌としていました。今やNHKで仕事をするようになりましたが、子どもの頃は、NHKを見ることなんてまずなかったので、その民放二局分の番組を食い入るように見ていました。特に、当時は録画機器などもまだ普及していないので、リアルタイム視聴に命を懸けていたと言っても過言ではありません。

中学三年生になった春のこと、高校を卒業した兄が地元を離れて横浜の大学に入学する時に付いていき、初めて関東の地に降り立ちました。そして、そこでテレビを見て衝撃を受けたのです。

「何だこのチャンネルの多さは？」

二つだけのチャンネルの中で生きてきた少年にとっては、世界が無限に広がったような大きな衝撃でした。滞在したのはわずか二日間でしたが、あちこち東京見物をしたはずなのに、部屋に戻って見たテレビ番組が一番印象に残っていました。飽きることなくチャンネルをカチャカチャと変えながら、見たことのない番組や洗練されたＣＭの映像に目を奪われ、その時、僕は心の中の声をはっきりと聞き取りました。

「ここに住みたい」

それから四年後、高校を無事卒業した僕は、計画通り上京してきました。しかも、その時の印象がよかったこともあって、兄と同じ大学に入学し、アパートも兄が住んでいた部屋をそのまま引き継ぐという主体性のなさでした。最初に降り立ったのが横浜の地、あの『成りあがり』（ロック歌手、矢沢永吉の自伝。一九七八年、小学館刊）に出てきた矢沢永吉と同じだと思い込み、どこかニヤついていました。

翌日から生まれて初めての一人暮らしが始まったわけですが、真っ先に何をしたかというと、高校時代にもらったおこづかいやお年玉、卒業後少しだけバイトをして貯めておいたお金を握りしめ、テレビを買いに行ったのです。

部屋に運び入れた引っ越しのダンボールもそのままに、近くの電器屋さんに走り、配達を待つのももどかしく、自力で持ち帰ってきました。持ち帰るとすぐに配線を施して、室内アンテナによる多少の映りの悪さも気にせず、テレビのスイッチを入れました。

そして、その日から約一週間、ほとんど外に出ることもなく、当時流行していたルービックキューブをいじりながらテレビを見続けたのです。一人暮らしの解放感があり、上京したばかりで友達もまだいなかったので、その一週間は飽きることなくテレビの前で生活していました。

その頃は、将来のビジョンなどというものはほとんどなく、地方出身者特有の「東京に行けば何かがある」という、浅はかな考えだけを胸に地元を離れました。何より、あのたくさんのチャンネル数のテレビが毎日見られる。当面の大きな夢を手に入れたと幸せを感じていました。

今考えると、ゾッとするほどの能天気さですが、本当にテレビが好きだったのです。おそらくその頃から、テレビを見るだけではなく、その向こう側の世界に対する憧れも、自分の中で大きくなっていったように思います。

一人暮らしを始めて二年が経った頃、僕とは違い「映画監督」になるというはっきりとした志を持って、二歳下の光良君が専門学校に入学するために上京してきました。偶然その学校も横浜にあったため、親も心配したのか一緒に住むことになったのです。子どもの頃、休みの日に泊まりがけで遊んでいた時の延長のような毎日が始まり、もう楽しさしかありませんでした。

そして、僕の将来は、この同居で決まったと言えます。

ウッチャンとの共同生活

東急東横線東白楽駅のすぐ裏手から歩いて三分、小高い丘を登りきったところに建つかなり古めのアパートは、天気がいい日には、かろうじて富士山の先の方が見えることから「富士見ハイツ」と名付けられていました。

六畳と八畳の二間、風呂、トイレ、クーラー付きと条件だけ聞くと立派ですが、トイレは当時でも少なかった汲み取り式、風呂はかき混ぜないと上は熱湯で下は冷水のまま、敷かれたすのこは腐りかけていました。クーラーは、ほかの電化製品と同時に使うとすぐにブレーカーが落ち、窓は立て付けが悪くて完全に閉まらず、秋には枯れ葉が部屋に舞い込んできたものです。家賃は四万二千円。

一九八三年春。その部屋で、僕と光良君の共同生活は始まりました。不思議なことにこれまでケンカをした記憶はありません。ただ一度、光良君が愛して止まないチャップリンの本をあまりにも何度も読んでいるのを見て、からかってるうちに誤って踏みつけて破いてしまった時に、キレられたことがありました。と言ってもほんの一瞬のことです。

お互い生活するのに必要最低限の仕送りはもらっていましたが、内村家の人間というのはとことん働くことが嫌いで、二人ともお金が底をつく極限までバイトをしない主義を貫いていました。洗濯は、たまりにたまっていよいよ明日着るものがない状態になった時に、お金がある方がまとめてコインランドリーに持っていくというぐうたらなシステムでした。働いてないので予定外のものを買うと、当然お金はなくなってきます。ある時、二人ですべての所持金を「せーの」で出し合ったら、合計で二七〇円しかありませんでした。まだ次の仕送りまでは数日あるというのに……。

周りの人には随分助けられました。二人とも「お金がないキャラ」だったので、光良君は、母性本能をくすぐって専門学校の同級生の女の子に弁当を作ってもらったり、僕は僕で、見た目がやせ細っていたせいで大学の同級生たちに心配され、余っている食品をたびたび持ってきてもらったりしました。明日はどうやって暮らそうという時に、不思議と誰かが訪ねてきて、ごはんをおごってくれました。そういった強運はかなり持ち合わせていたようです。

その頃の僕は、本当にろくでもない生活をしていました。大学に入って麻雀という悪魔のゲームを覚えてしまったために学校へ行くことはほとんどなくなり、結局、大学は途中でやめてしまいました。

そこからはすることがなく、毎日一〇時間以上寝ていて、二〇代なのに床ずれができたこともありました。夏の暑い日には、窓を開けて寝てしまって、目が覚めたら陽差しをもろに浴びていて、顔の一部が斜めに線をなして日焼けしていました。

　自分が働いてないせいなのに、その頃は世界で一番不幸な人間だと勝手に落ち込んでいて、その苦しさがピークまで来ていたんでしょう。二四歳の誕生日に、その時の爆発しそうな気持ちを書きなぐったノートが今も残っています。ちょうどサッカーのメキシコワールドカップで、マラドーナが伝説となった〝神の手〟ゴールを決めたあの日。二四歳、体も心も若さがみなぎり、人生で最も輝きを放っているはずの時期のことです。

　一方、光良君は、専門学校にも慣れて、時々、専門学校の友達を連れてくるようになりました。同居しているので、僕も必然的に彼らと顔を合わせるようになり、仲良くなっていきました。そして、その中に、後に相方となるナンチャンこと南原清隆君（本書では南原君と呼ぶことにします）がいたのです。彼らが通う専門学校は一風変わっていて、カリキュラムの中に漫才の授業というのがあり、クラスメイトの誰かとコンビを組んで漫才を発表するという課題がありました。そして、ひょんなことから、光良君は南原君とコンビを組むことになったのです。

　そんな同居生活もあっという間に二年が過ぎ、アパートの契約更新の時期になりました。大家さんに、真面目な顔でこれから先のことを聞かれたので、一人は映画監督を目指していると言い、もう一人は、もうすぐ大学四年だが就職先は決まってないと真っ直ぐな目で答えました。すると、古くなったので改築するから更新はできないと言われ、引っ越しを余儀なくされました。つまり、家賃を払える保証のない若僧二人は、体よく追い出されたのです。

そこから数年後、『ウンナンの気分は上々。』（一九九六～二〇〇三年、TBS系列で放送されていたバラエティ番組）の企画で久しぶりに訪ねていったら、アパートは、やはりしっかりと元のままの姿でした。その時、大家さんは、「大物になる予感がしていた」と抱きしめんばかりに出迎えてくれたものです。

そういえば、この頃、もう一人の同級生とも出会いました。

ある夏の日、けたたましく玄関をノックする音がしたので出てみると、上下真っ白な麻のスーツ姿の小さな男が立っていました。ジャケットの下は裸で、素肌の上に直接サスペンダーをして、パナマ帽を斜めに被ったその小男は「チェンいますか？」と唐突に聞いてきました（「チェン」とは、ジャッキー・チェンに似ていることから付けられていた光良君のあだ名）。僕が、今は出かけていると告げると、その小男はパナマ帽を取って言いました。

「初めまして、出川哲朗と申します」

気がつけば放送作家

同居して二軒目のアパートは、東白楽の二つ隣の妙蓮寺駅近くの二間風呂なしの部屋でした。東横線の線路沿いで、電車が通るたびに部屋が揺れテレビが映らなくなるような場所で、さらにコンクリート生成工場がすぐ隣だったので、朝からコンクリートミキサーの凄まじい音が鳴り響く、以前より厳しい環境でした。

しかし、人というのは、一番底に足がトンと着くのを感じると、そこからは自然に浮上しようとするようで、引っ越しを機に一念発起した僕は、少しは長く働いてみようとアルバイト情報誌を力強く握りしめ、雑誌の『ぴあ』でなんとかアルバイトをすることになりました。振り返ってみれば、一年間だけとはいえ、毎日同じ時間に出社するという経験はその時だけです。

光良君はというと、専門学校の卒業を間近に控えながらも、僕同様、就職の見通しは立っていませんでした。しかし、南原君とコンビを組んで披露した漫才が、講師であった内海好江師匠の目に留まり、師匠が審査員を務めていた日本テレビの『お笑いスター誕生!!』（一九八〇〜一九八六年、日本テレビ系列で放送されていたお笑いオーディション番組）に推薦してもらい、出演することになったのです。特に考えもせず、学生時代のお互いの呼び名であった「ウッチャンナンチャン」を急造のコンビ名にして、その当時のお笑い芸人の登竜門的番組に挑んでいったのです。

その頃の彼らには、まだプロでやっていこうという意識はなく、ほんの記念のつもりの出演でした。しかし、出るからには一応ちゃんとネタを作らなければなりません。ネタ作りはいつも、僕らが同居していた部屋に南原君が来るという形でやっていました。隣の部屋で、ノートに書き込みながらブツブツとしゃべっている二人の姿を、僕は、最初の頃はどこかバカにした目で見ていました。映画監督になるという大きな夢を抱いて上京してきた男が、どういうわけか漫才のネタを作っているのを見て、情けなさを感じていたのです。しかし、彼らの楽しそうな、そして真剣な眼差しを見ているうちに、自分には打ち込める何かがないことがよりクリアに見えてきて、内心うらやましく思い始めていました。

気がつくと、彼らのネタ作りにしばしば口を挟むようになり、次第に参加するようになっていました。ネタを考える時のスタイルは、だいたい決まっていました。突然何かがひらめいたように光良君がノートに書き始めます。それが始まると、残された僕と南原君は、その作業が終わるまで、ひたすらくだらない無駄話をしながら〝待ち〟の状態になります。やがて、ある程度メドがついて筆が止まると、その台本を元に南原君が加わって、動きながら笑いを足していく稽古が始まるのです。いつの間にか僕は、彼らのネタを見て思うままの意見を述べるという役割を担うようになっていました。ウッチャンナンチャンを世に出したネタの数々は、すべてこの形で出来上がっていきました。僕は、言い換えれば、彼らの新ネタを世界で一番早く見られた者ということになります。

こうして練り上げたネタを引っさげて『お笑いスター誕生!!』に出場すると、驚いたことに、いきなり準決勝、決勝と勝ち進んでいきました。勝ち進むごとに、ギャグの数を台本上で三行に一個、二行に一個、一行に一個と精度を上げていきました。今思えば、その頃一緒に考えながら、コントの書き方、笑いの構築の仕方などを、知らず知らずのうちに学んでいたんだと思います。

そういえば、この頃、ダウンタウンとも初めて遭遇しました。『お笑いスター誕生!!』が普段のトーナメントではなく、これまでの出場者が大集合する特別編みたいな企画があった時のこと、そこにウッチャンナンチャンも呼ばれていましたが、一足先に出演していたダウンタウンも当然のことながら参加していました。

当時、『お笑いスター誕生!!』は、ボクシングの試合などが行われる後楽園ホールで収録されていました。ウッチャンナンチャンたち関東勢のリハーサルが終わると、遅れて関西勢の出演者が会場に入ってきました。その中にダウンタウンの姿がありました。

すでに「関西にダウンタウンあり」と名前はとどろいていたので、入ってきただけで今でいう〝オーラ〟をすごく感じたものです。関東勢の出演者たちは、ただじっと目で追っていました。やがて、本番が始まり、ダウンタウンが彼らの初期の代表作の一つ、ヤンキー座りのまま歩くというネタをやり始めると、楽屋にいたほかの出演者たちが一斉に客席に回り、舞台上のダウンタウンに見入っていました。その時、ウッチャンナンチャンはまだ素人だったので、ただ憧れの眼差しで見ていました。当然面識もなく、挨拶を交わすこともありませんでした。

その圧倒的な姿を目の当たりにしたことで、ウッチャンナンチャンの二人の中にも何か変化が起こったのか、『お笑いスター誕生!!』の最後のシリーズに出場すると、見事に優勝を勝ち取ったのです。そこから、「ウッチャンナンチャン」の名前はお笑い界で少し知られるようになり、次に、当時大人気だった深夜番組『オールナイトフジ』（一九八三〜一九九一年、毎週土曜日の深夜にフジテレビ系列で生放送されていたバラエティ番組。女子大生ブームの火付け役となった）からお呼びがかかったのです。

もちろん僕もくっ付いていきました。初めてフジテレビに行った時のことは今でもはっきりと覚えています。ウッチャンナンチャンが出演するという喜びよりも、フジテレビに行けるという超ミーハーな気持ちの方が勝っていました。

初めて足を踏み入れるテレビ局は、まさに憧れの地でした。リハーサルの時間になりスタジオへ続く重いドアを開けると、そこには毎週食い入るように見ている人気番組のセットが目の前に広がっていました。リハーサルが進むと、番組の人気を牽引していた女子大生たちが、次々に目の前に現れてきて、ポーカーフェイスを装うのがとても大変な状態でした。

そして、放送時間が近づくといよいよあの人たちも現れました。当時この番組で絶大な人気を博していたとんねるずの二人が目の前に現れたのです。貴明さんは大きいという印象はありましたが、驚いたのは憲武さんもかなりデカかったということです。売れに売れて疲れ切った顔をしていたとんねるずを目の当たりにして、ウッチャンナンチャンの二人は、とにかく挨拶することで精いっぱい。そばにいた僕はというと、紹介されるわけもなくただその場で直立しているしかありませんでした。

やがて、生放送の時間になり、僕は、スタジオの隅から見守りました。カメラに映らないところには関係者がひしめいていて立錐の余地もない状態でしたが、人と人のわずかな隙間からなんとかのぞき込むと、カメラの向こう側には、毎週見ていたあの夢の世界が広がっていて、今もはっきりと目に焼き付いています。松本伊代ちゃんがMCをやっていて、女子大生がひな壇を飾っていて、有名なミュージシャンが目の前で歌い、とんねるずがネタをやってスタジオ中に爆笑を巻き起こしている。そこで感じたものは、『お笑いスター誕生!!』の時とはまったく違う、「華やかな芸能界」というものでした。

その時、僕の中に一つの強い思いが湧いてきました。

「この場所にずっといたい」

おそらく、放送作家になりたいと本気で思った瞬間だと思います。とはいえ、まだ作家としての具体的な仕事があるわけでもなく、とりあえず毎日ウッチャンナンチャンにくっ付いて回るだけで、名刺には勝手に「ウッチャンナンチャン ブレーン」という肩書きを加え、彼らにおんぶにだっこの状態でしたが、自分が生きていく道は、もうこれ以外にないと強く思い始めていました。

それからしばらくして、フジテレビで、ウッチャンナンチャンら若手メンバーを中心とした『笑いの殿堂』（一九八八〜一九八九年、フジテレビ系列）という番組が始まることになります。この番組は、作家も若手だけでやろうという方針で、僕は、ここで初めて放送作家としての仕事をすることになったのです。生まれて初めて自分一人でコントを書いたのがこの時です。

次の段階でも答えを出してくる

創造商店 代表
（元フジテレビ ディレクター）
永峰 明

あんちゃんを知ったのは、ウッチャンナンチャンが「ラ・ママ新人コント大会」に出ていた頃、ウッチャンから「こんな奴がいるんだけど」と聞いて。で、実際に会って話をしてみると、いい感性をしていると思ったので、新番組を起ち上げる時に誘い込んだんです。最初は「どんな企画が面白いと思う?」というところから、「コントを書いてよ」となって。

彼がすごいのは、深夜のコント番組からスタートして、『オレたちひょうきん族』の企画コーナーを書いてと、次の段階にいった時、ちゃんと答えを出してくるところ。最終的に、彼とは連ドラも作ってますが、それぞれの段階で与えられた仕事に対して、確実に自分の力が出せるように育ってきた。その裏には、ウッチャンナンチャンをはじめ周囲の刺激もあったと思います。刺激を受けながら、それをちゃんと形にする能力があったということでしょう。

今回の本は『ひねり出す力』？ あいつ、そんなにひねり出してるかなぁ？（笑）。ちょっと突っつくと、いいアイデアがふっと出てくるので。また別の角度から突っつくと、「だったらこれ」と。僕とは感覚が似てるから、うまくキャッチボールができるのかもしれないですね。

彼はコント番組以外にも活躍の場が広がってるので、いつかウッチャンが監督、いとこが脚本でカンヌ国際映画祭とか。そうなったらうれしいなぁ。あのコンビなら何かができそうな気がするんですよね。〈談〉

第一章

笑いを生み出すチーム力

コントはこうして作られる

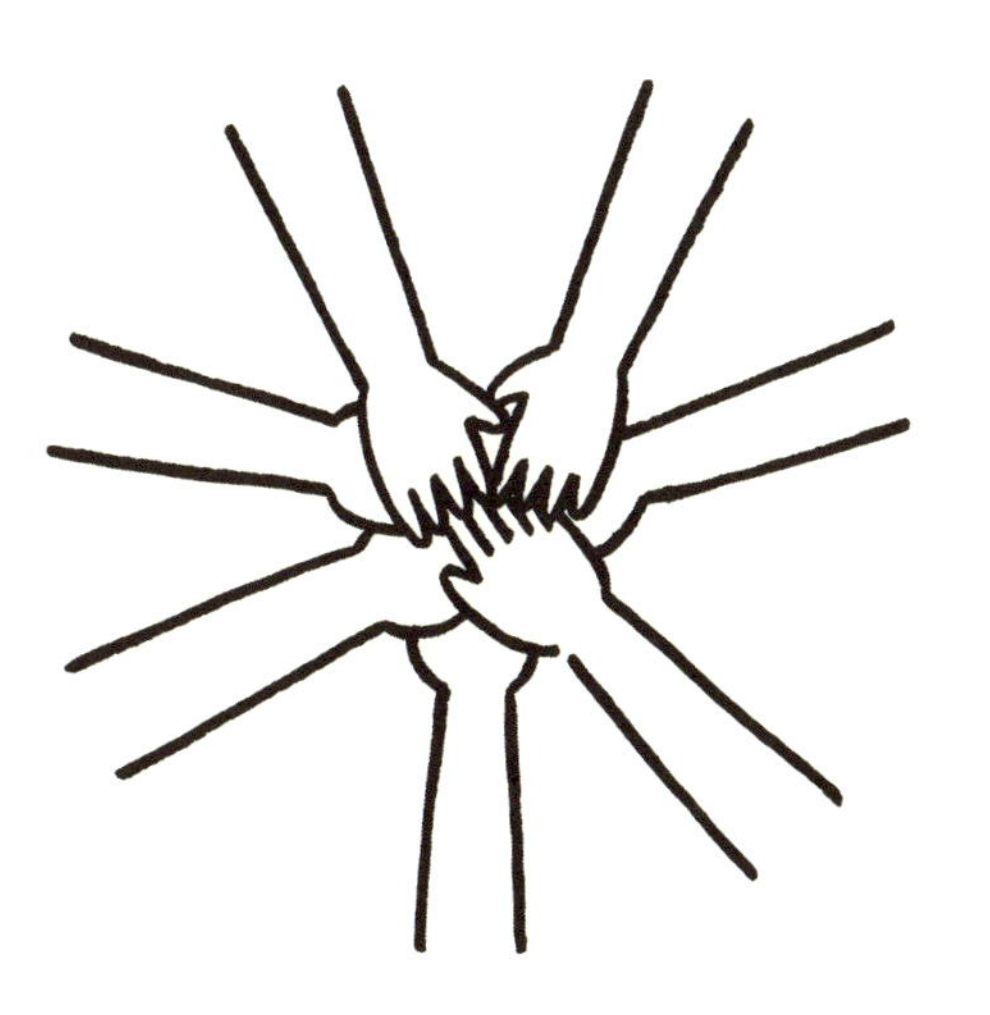

放送作家は、楽しい

放送作家生活を始めた頃は、何もかもが初めてづくしで、毎日が新鮮な出来事ばかりでした。番組の打ち合わせでテレビ局に行く、それだけで浮かれた気分になったものです。フジテレビがまだお台場に移る前、新宿・河田町にあった頃。最寄り駅の都営新宿線曙橋駅を降りてフジテレビ下通りを抜け、かなり急な階段を上っていくと、裏門が見えてきます。そこを通って、入口の警備員さんに番組名を告げて中に入っていきます。当時は、入館証などはなくて、適当な番組名を言えば入れたのです。今では考えられないほど平和な時代でした。

中へ入ると、制作局のある三階へ上がります。その当時のフジテレビは、部署間の壁を文字通り取っ払い、ワンフロアに、報道局、編成局、制作局が一望できる作りになっていて、局内のあちこちに貼られた「楽しくなければテレビじゃない」というポスターからも、一九八〇年代後半の活気づいた雰囲気が漂っていました。

報道局の前を通ると、時にはキャスターの安藤優子さんや露木茂アナウンサーが急に現れたりします。面識はないはずなのに、毎日テレビで顔を見ているせいで、思わず「おはようございます」と思い切り挨拶してしまったのは一度や二度ではありません。

制作局は、資料やＶＴＲの素材が積み上げられ、その辺の椅子を並べてＡＤさんたちが寝ているせいか、明らかにほかの部署と違って雑然としていました。でも、その頃のフジテレビ制作局は業界を牽引しているイケイケな空気に満ちあふれていて、セーターを肩にかけ、ポロシャツの襟を立てて、忙しくて寝てないのを自慢する、そんなディレクターたちと連日打ち合わせをしていました。僕もその空気に取り込まれ、仕事だということが申し訳ないくらい、楽しくて仕方ない日々でした。

番組のスタッフになると、その特権として、エンディングで番組に携わっているスタッフの名前が流れてきます。放送作家は、「構成」というカテゴリーで、どういうわけか一番最初に登場しました。イヤでも人の目に留まりやすくなっています。

『笑いの殿堂』で**初めて自分の名前が画面に流れた時の感動は、言葉ではとても言い表せません。本当に放送作家というなんだかカッコいい感じのするものになったんだと実感できた瞬間でした。**録画した画面を自分の名前が出たところで一時停止にし、ニヤつきながらしばらく見つめるというのを繰り返しやっていました。

特に、二番目に関わった『オレたちひょうきん族』（一九八一〜一九八九年、フジテレビ系列）の時は、さすがに全国放送の超有名な番組だけあって、その反響は凄まじいものがありました。しばらく会ってなかった友達からも何人も連絡があり、何より、親孝行ができたのが一番うれしいことでした。名前が出たことで、ちゃんと仕事をしていることがわかって、ようやく安心したようです。遠く離れていて久しく会ってなかった同級生は、「知ってる奴の名前がテレビに出てくるのが、すごく誇らしくて周りに自慢している」とも言ってくれました。こういう温かな言葉に触れるたびに、この仕事で頑張っていこうと、今も思いを強くしています。

放送作家は、つらいよ

放送作家という職業には正式な資格などはなく、名刺を勝手に作って、「今日から放送作家です」と名乗ってしまえば誰でもその日から立派な放送作家になれるのです。僕も、パソコンで適当に作った名刺を使って「作家の内村です」と、今日も名乗っています。**放送作家にはいつでもなれます。後は、仕事があるかないかだけです。**

そもそも、一般的に「放送作家」がどんな仕事をしているのか、いま一つ理解されてないと思っています。説明するのもかなり苦労します。具体的に何をやっているのか？　どの部分を作っているのか？　と言われるとなんとも答えづらいのです。あえて言えば、「みんなで全部を作っている」といった感じです。その点、コント番組は脚本という形なので、このコントは自分が書いたと言うことができるという点では、まだわかりやすい方です。いわゆる〝業界人〟と言われ、芸能人と仲良くなって楽しそうな仕事環境のように思われるでしょう。関わっている番組が毎週レギュラー放送され、さらにそのレギュラー番組をいくつか抱えるようになれば、毎週ギャラが発生して生活も安定します。

しかーーーし！　番組は、突然、本当に突然終了を宣告されます。そうなると収入もゼロになってしまうのです。テレビ番組には、四月と一〇月に大きく変わる「改編期」というものがあって、この時期が近づくと、我々フリーランスの立場の者はいつもビクビクしています。もし、番組が終わったら、次の日から仕事はありません。そのまま次の新しい番組に作家として入れるかというと、そんな保障は一切ないのです。唯一の頼りは、それまで各局で一緒に仕事をしていたディレクターやプロデューサーとの繋がりです。**日頃、そういう人たちにいかに信頼されているかが大事なのです。人との繋がりだけが生命線となるのです。**

そして、**続けていくためには、体が丈夫なことも重要な条件の一つです。**生活パターンが不規則極まりないからです。真夜中に編集が終わったVTR素材が届き、そこから数時間後までにナレーション原稿を書かなければならないこともあります。マネージャーというサポートをしてくれる人もいないので、寝る時間も休む日も自分で管理しなければなりません。ひと月先の予定も立てにくい状況です。脚本家連盟みたいなところに加入していないと健康診断も自腹を切らなければなりません。打ち合わせも、所詮出入り業者ですから、全部こちらから出向かなければ、向こうから来てくれることはまずありません。一日のうちに、汐留（日本テレビ）→渋谷（ＮＨＫ）→六本木（テレビ朝日）→赤坂（ＴＢＳ）と放送局を二時間単位で移動しなければならないこともあり、体力的に無理を強いられます。仕事自体は楽しいですけど、こういう一面があることも確固たる事実です。

何も知らずにこの仕事を始めましたが、こんなにも厳しくて、生き抜いていくのが大変な仕事だと気づいたのは、始めて三年目くらいの頃でした。始める前にわかっていたら、選んでいたかどうかはわかりません。

コント作りは共同作業

コントを作る時にまず絶対に必要なのは、台本です。これがないと何も始まりません。そして、それを書くのが僕の主な仕事です。

しかし、それまでは、もちろん台本なんて書いたことはなく、書き方もまったく知りませんでした。場面や人の動きが「ト書き」で、会話は「セリフ」として書き、たとえば、誰かが訪ねてくる場面ではインターホンの「効果音」が入るタイミングを指定したり、この場面のこのセリフあたりでこんな感じの音楽がかかると理想的など、事細かく書き込んでいくものだということを一から学んでいきました。

始めた頃はパソコンが普及する前の時代で、手にペンを持って原稿用紙に書いていくという作業でした。書き直しが必要になった時も、今はパソコンのワープロソフトで簡単に削除やコピー&ペーストなどができますが、手書きでは消しゴムで消して直して、その直した前後を詰めて書き直すというような作業が面倒で大変でした。

今ではすっかりなくなりましたが、手書きをしていた頃は、「テレビ原稿用紙」というものに書いていました。テレビ局に行けば局の名前入りのものがタダでもらえたのですが、この通称「テレ原」というのは少し特殊で、上三分の一がト書きを書くための白紙のスペース、下三分の二がセリフを書く用にマス目で、一ページ三〇〇字詰の原稿用紙でした。各局の専用テレ原を数冊かばんに入れて持ち歩いているだけで、その頃は妙に誇らしい気分になったものです。

ドラマや映画と同様、**コントにおいても、台本はいわば設計図です。いい建物ができるかどうかは、その設計図の出来にかかっています。**これは間違いありません。映画『マルサの女』などの**伊丹十三監督もかつて言っていました。「いい脚本で悪い映画ができることはある**

が、悪い脚本でいい映画ができることは絶対にない」と。だからこそ、いい設計図を完成させるには、それなりに生みの苦しみがあります。一人で唸る時間が続きます。

僕は、コントを考えるという作業は好きなのですが、頭の中で考えたことを細かく文字にしていく作業は、今でも嫌いです。頭の中で考えたことがそのままパソコン画面に文章として打ち込まれていく、そんな夢のソフトウェアが開発されないかとずっと願っています。

台本を完成させるまでは本当に孤独な作業ですが、出来上がると、それを形にするためにいろんな人たちが一斉に関わって動き出します。美術担当はセットをデザインし、大道具班がそのセットを建て始め、衣装担当は登場人物が身に着けるものを用意し、音響担当はコントに必要な効果音や音楽を探し、カメラマンは最適な画面を作ります。ほかにも、照明、ヘアメイク、小道具と、数え切れないほどの人たちが関わって、台本に書かれた世界を具現化していってくれます。たとえば台本のト書きに「夜の森の中に、宇宙船が着陸する」と書くと、数週間後、大きなスタジオにその通りのセットが出来上がるのです。**書いている方は、どこか無責任で、何も考えず、ただ頭に浮かんだ理想的なイメージを軽い気持ちで書きます。すると、それを元にとてつもない数の各部署のプロたちが動き出すのです。**それゆえプレッシャーもありますが、こんな爽快なことはありません。

これが、コント作家としての醍醐味、やりがいです。簡単にはやめられないのです。

雑談からいいアイデアが生まれることもある

コントを作る場合、**最終的に台本を仕上げるのは一人の作業になりますが、台本の形にする前、あるいは第一稿を書き上げた段階で、数人でアイデアを出し合います。**一人で悶々と考えていてもなかなかいい発想が出てこない場合も、ほかの人からのアイデアで突然広がっていくこともよくあるので、大事な時間となります。

現在制作しているＮＨＫの『ＬＩＦＥ！　〜人生に捧げるコント〜』では、毎週二回会議をやっています。そこにまず、各作家がコントの設定案を持ち寄ります。これは、四〜五行くらいのあらすじを書いたもので、たとえば、「まっすぐ彦介」（一〇五ページ）というキャラクターコントの場合、僕が実際に提出した設定案は以下のようなものです。

「思い立ったらいてても立ってもいられず、
時間や場所に関係なく壁を突き破ってやってくる男、彦介。
たとえば、部屋で男が彼女にプロポーズしようとしているところに、
壁を突き破って、数日前に借りた五〇〇円をわざわざ返しにくる。

ついでに、彼女の方に、男がどれだけいい奴かを訴える」

こんな感じのものを毎週三個ずつくらい提出します。これを叩き台にして、みんなで意見を出し合います。どんな時に現れたら一番面白いか、壁の突き破り方はどんな感じがいいか、壁を破って、ひと言目に何と言ったら面白いかなど、アイデアをどんどん足していきます。この話し合いで膨らむものもあれば、細かく詰めていくうちにあちこち破綻しているところが見えてきて、逆に立ち消えになっていくことも多々あります。

このアイデア出しの場は、**いかに誰も思いつかない面白い発想ができるか競い合う場にもなるのです。誰よりも面白いことを言ってやろうと、僕も珍しく野心的になる瞬間です。**笑い声の絶えない場ですが、秘かに勝負の時でもあり、この時ばかりは、若い者にはまだまだ負けてたまるものかという意気込みで、面白いアイデアを必死にひねり出します。この会議の場で、ほかの出席者をいかに笑わせるかも大事な仕事であり、生きがいとしていることの一つです。とにかく、コント会議の場ではただ、そこにいる人たちの中で一番面白いことを言いたいだけなのかもしれません。

しかし、バラエティ番組の会議では、こういった本題にいきなり入るということはまれです。少なくとも、僕が関わってきた番組では、**会議室にいつもの顔ぶれが揃うと、まず内容**

のないどうでもいい「雑談」から始まります。昨日見たテレビ番組の感想や、身近に起こったオモシロ体験の話や、業界のウワサ話などで時間があっという間に過ぎていきます。でも、僕はこの**雑談の時間も大好きで、いわばアイドリングをしている状態なのです。**日によっては三〇分以上続いてしまうこともあり、無駄な時間だとはわかってはいるのですが、いいアイデアを出すためになくてはならない大切なアプローチだと感じています。現に、これまで膨大な無駄話の中から素晴らしい企画が誕生したことも、少なくありません。

僕は、恥ずかしながら五〇歳を過ぎたのに、初対面の人との何でもない世間話というのがいまだにうまくできません。天気の話でどうやって長く会話を続けられるのか皆目見当もつきません。その代わり、中身のない無駄な話だったら永遠に続けられる自信があります。

いずれにせよ、こんなにも無駄な雑談の時間が、一本のコントを大きく飛躍させるのは間違いないことです。

コントはこうやって出来上がっていく

放送作家になってまもなく三〇年、ずっとテレビの世界でコントを書き続けてきました。

これまでいったい何本くらい書いてきたでしょうか？　正確に数えることは不可能ですが、二日に一本書いたと仮定した場合、ざっと五千本くらいになってしまいます。もしかしたらそれ以上かもしれません。数字を見れば膨大ですが、声を大にして言いたいのは、五千本全部が採用されたわけではないということです。運良く採用されたのは、実感として、そのうちの三割程度ではないでしょうか。

とにかく、ここまで書いて書いて書きまくってきました。作家生活も一〇年を過ぎた頃、『笑う犬』シリーズ（一九九八～二〇〇三年、フジテレビ系列）が始まり、もうそろそろ一段階上の立場に立って、若い人が書いたものを精査する役割なのだろうと思っていたのですが、フタを開けてみれば、まさかの最前線での実働部隊でした。そして、五〇歳を超えた今も、三〇代の作家たちと肩を並べて毎週新作に取り組んでいます。もちろん、幸せなことではあります。

長年コントを書いてきてわかったのは、**コントというのは、少しブランクがあると書けなくなるということです**。どうやら、普通のバラエティ番組で企画を考える脳と、コントを書く脳は違うようです。僕の場合は、これまでほかの作家よりも多くコントを書いてきましたが、それでもコント番組不遇の時代で、まったく書く場所がない時がありました。ほんの短い期間でしたが、次にまたコント番組をやろうという時に、なかなか感覚を取り戻せなかったのを覚えています。コントというのは、**コント用に頭を回転させないと書けないようです**。

三年ほど前、京都に家族で旅行に行きました。その時に、京都をどう回るかでちょっとした議論になりました。おそらく京都へ行った人なら誰でも経験のあることかもしれません。清水寺も金閣寺も銀閣寺も全部見たいというのが初心者の常でしょう。けれどもすぐに、一日ではそんなに回り切れないことがわかり、ならば場所を絞ろうとなって、金閣寺、嵐山がある洛西方面を中心に回るか、清水寺、銀閣寺がある洛東方面かという、だいたい二つの意見に分かれます。すると、先にどっちから回るかでまたちょっとした議論になります。

もめている最中はイラッとしていますが、**あの喜劇王チャップリンの言葉が教えてくれます。「人生はクローズアップで見れば悲劇だが、ロングショットで見れば喜劇になる」**と。

つまり、どういうコースで回るかでもめていた場面も、後から思い出してみるととても滑稽な一場面に思えてくるのです。

というわけで、これをコントにすることにしました。しかし、京都旅行でもめている場面をそのままやってもそれはただの描写で、何も面白くはありません。なので、ここでひと工夫します。まったく違うことを話している状況で、なぜか京都の回り方の話になっていった方が面白いんじゃないか、と考えます。こういう場合、より真剣に話し合う場面にした方がより面白くなる、という長年の経験則が働きます。「真剣に話し合う場で、しかも京都のことを話していてもおかしくない状況はどういうところか？」そんなことを考えていると、昔よく見ていた刑事ドラマのワンシーンが頭に浮かんできます。その瞬間「見えた！」となります。場所は警察の捜査一課、刑事たちが数人いて捜査会議が行われている。刑事の一人が、犯人が京都へ逃げ込んだという情報を持ち帰ってくる。早速、ホワイトボードに京都の地図（これがよくある観光マップになっている）を貼り、犯人が行きそうな場所を全員で推理していく。ある刑事は、京都なら洛東の清水寺方面へ行くはずだと推理するが、別の刑事は、洛西の嵐山、金閣寺へまず向かうはずだと主張する。ここから、犯人の足取りではなく、次第に、自分のお気に入り京都観光コースの話にスライドしていく、という展開になり、その後、京都は洛東と洛西だけじゃなく、駅の周りも見どころがたくさんあると主張する者が出てきて、刑事たちが京都の回り方で激論し始める、という話に仕上げてみました。これは、『ＬＩＦＥ！』の放送初期、「捜査会議」というタイトルで放送されました。

コントは唯一無敵の武器になる

放送作家になって一番よかったことは、自分の視野がとてつもなく広がったということです。物事を違う視点から見てみるということを毎日のようにやることにより、ものの見方、捉え方が随分と変わってきました。それまでの自分は、ともすれば自分に近い人が何か言えば、それを鵜呑みにして完全に信じ込むようなタイプでした。目に見えることがすべてだと思っていた節があります。おそらく自分の頭で考えるということをあまりしていなかったのでしょう。その頃、もし、ある種の集団に心の隙間に入られていたら、簡単に洗脳されていたと思います。

それが、この仕事を始めてコントのアイデアを考えるようになると、**否が応でも物事を斜めから見るようになって、それまで見えてなかったいろんなことが見えるようになりました。**世の中には多様な価値観があるということ、自分が思っている正解とはまた別の正解もあるということが、二〇代後半になってようやくわかったのです。自分が人間的に大きく成長して何倍も賢くなったようで、世の中がそれまでとは違う景色に見え始めてきた感じです。

いい歳になってくると、日頃深く考えずとも、世の中で起こっていることに対して、これはおかしいなと感じることが増えてきます。ニュースを目にするたびに、この国の行く先を憂う出来事ばかりです。子を持つ親としては、どうしても何かひと言、言ってやりたくなります。でも、だからといって、直接的な不満を文章にして発表したり、SNS上で拡散させたりするというのは、どうも自分のポリシーに反します。そういう気持ちをどこに持っていくかといえば、それはやはりネタにするしかありません。**怒りの対象を、コントを使って笑**

いものにして、笑い飛ばしてやろうという気持ちが湧いてきます。コントにはいろんな魅力があると思っています。あらゆるメッセージをその中に盛り込むことができるというのもその一つです。

以前、『笑う犬』シリーズの中で、「なめられ内閣」というコントを書きました。短い三部作で、一本目が、新しく発足した内閣の記念撮影をする場面。官邸内の階段に総理大臣を中心に、ドレスアップした全閣僚が勢揃いして記念撮影をする場面をニュースで見たことがあると思います。そこへカメラマンが現れてカメラを構えるのですが、新内閣の顔ぶれを見て、いいカメラで撮る必要はないと判断し、ガラケーのカメラで撮って終わるというオチ。

二本目は、総理大臣が他国に出向いて、その国の大統領との調印式を行う場面。それぞれペンを取り出し署名をする。それが終わると署名に使ったペンをお互いに交換する儀式があるのですが、日本の総理大臣は、キャップの部分にアニメのキャラクターが付いた子どもが喜びそうなオモチャのペンを与えられる。

三本目は、総理の定例会見の場面。記者たちに囲まれた総理が会見を行い、記者の一人が、マイクの束を持って代表質問するという場面で、総理が答えている最中に、代表質問者に彼女から電話がかかってきて、インタビュー中でも関係なく電話に出て彼女と話し始める。そのうち盛り上がってきて、記者は総理にマイクを渡してその場を去っていく。自分でマイクを持って続きをしゃべり続ける総理。

このように、**世の中に対して言いたいことがある時は、笑いの形に昇華させています。**僕にとっては、コントというのは、唯一の武器と言えるのです。

経験の中で見つけた自分なりのコント作法

締切が重なると、**一日に何本ものコントを一気に書かなければならない時があります。そういう時の気分は、相撲のぶつかり稽古をしているというか、時代劇で大勢の敵を二刀流で構えバッタバッタとなぎ倒していってる、そんな感覚です。**パソコンに向かい、何も書かれてないページを前に、自分を鼓舞する雄叫(おたけ)びと共にまずはコントのタイトルを書き、そこから卜書きとセリフでどんどん埋めていきます。調子のいい時はキーボードを叩く音が弾んだリズムに聞こえたりします。そして、最後に切れ味鋭いオチの一刀を振り抜いてＥｎｔｅｒキーを叩いたところで相手が倒れる。一本書き終わった時は、そんなイメージです。

そうやってどんどん斬っていくのは爽快感がありますが、一人倒すごとに当然のごとく体力は奪われていきます。意外かもしれませんが、**見た目には椅子に座って動きもしないでキ**

ーボードをただ叩いているだけのように見えても、これがものすごく体力を要するのです。かなり集中して三〜四時間も書き続けていると、もうヘトヘトになります。特に、感情をむき出しにしているような場面では、その人の気持ちになって自分でセリフをブツブツとしゃべりながら書いているので、書き終わった時にはどっぷりと感情移入していて、かなりテンションが上がり切っています。書き終えて、さあ寝ようと思っても、この状態になっているとなかなか寝つけないものです。

三〇年近くもコントを書き続けていると、いつの間にか、自分なりの作法というのが出来上がっています。

書き方というのは、作家のタイプによってさまざまです。**最後のオチまで全部見えてから書き出す人、あるいは、とりあえず先を決めないで書き始めて、書きながらどこに向かっていくかを決めていく人にだいたい分かれます。**僕は、典型的な前者です。

まず設定を考えます。たとえば、テレビで旅番組をボーッと見ていると、旅先の小さな街でうちわを手作りしている職人さんと出会ったりして、その職人さんの味わい深いキャラクターを見ているうちに、これは使えそうだとなります。そこまで考えると、テレビを見ながらも、ではどういうオチになったらいいだろうかと頭の中で転がし始めます。そうしているとやがてラッキーなことが起こります。昔ながらのうちわを作っている家の壁に、立派なエアコンがあるのが見えます。その瞬間、「しめた！」と思うのです。うちわを作っている和風の古い家屋でガンガンに冷房が効いてる、というオチが見つかります。この場合は、僕は何もしていません。ただボーッとテレビを見ていただけです。何かやったことがあるとすれば、**そのことに気づいたかどうか**ではないでしょうか。そこまで見えたらようやく書き始め、オチに向かってひたすら書き進めていきます。

書いている時は、折れ線グラフの波形をイメージしています。序盤は、静かに低い位置で上下動のない波形が続き、やがて、最初の摑み(つか)でドンと大きく上がります。そこからは、見ていて飽きる箇所がないように極力無駄なセリフを省いて、グラフが右肩上がりになるようなイメージで物語を展開させていき、後半は、たたみかけるようにギャグを注ぎ込み、もうすぐオチだというところまで来たら、もう一度しっかりと大きく振り直し、できうる限りの短い言葉でオチを付け、オチを付けたら余計な時間は取らず即座に終わる。なかなか伝わりづらいと思いますが、いつもこういうイメージで書いています。

一歩一歩確かめながら進んで完成させた台本は、我が子のようでとても愛おしさを感じるものです。しかし、それは所詮コントの台本です。もちろん、台本通りにやってもらえれば何も問題のないように書いてはありますが、僕は、現場での瞬発力というのを信じている部分もあるので、本番では、アドリブを足してもらっても一向に構わないと思っています。台本なんてものは机上の空論、実際にセットの中でカメラの前に立ち、演じる人たちが作った空気の方が、勢いが足され面白くなるものです。

ただ、その場合、「台本よりも面白くする」というのが条件ではあります。達者な芸人さんや役者さんは、必ず台本以上のものにしてくれます。でも、たまに、そうじゃない時があるのも事実です。

すべてをわかり切ったように語っていますが、常にクオリティの高いものを生み出せているのかと言えば決してそうではなく、これだけ書き続けてきても、いまだに信じられないくらいの初歩的なミスを犯すことがあります。不思議で仕方ありません。簡単だと思えたことは残念ながら一度もありません。いつも、**かの井上ひさし先生の「自分にしか書けないことを、誰にでもわかる文章で書く」という金言を胸に刻んで、書くようにしています。**

ベテランとしての正しい振る舞い

いつ頃からでしょう？　**気がつけば〝ベテラン〟**というポジションになっていました。

いろんな会議に参加しますが、今は、どこへ行ってももれなくその会議室で一番の年長者です。いつも、会議が終わっても次の予定がなければダラダラと雑談するのが好きでした。でも、ある時、おそらく四〇代半ばくらいの頃でしょうか、それまでとは違う空気を感じたのです。それは、会議が終わって、どうやら僕が帰るのを待っているという空気です。しばらくして、**年長者の僕が帰らないと、若い人たちが帰れないという事実を知って愕然（がくぜん）としました。いつの間にか僕は、できれば早くいなくなってほしい存在になっていたのです。**これには十分思い当たる節があります。自分が若手の頃にもベテランの人たちに対してまったく同じ思いを抱いていました。哀しいかな、自分もいつの間にかそっち側の人間に、**「絶対にああはなりたくない」と思っていた大人に、なってしまっていた**というわけです。

　月日は確実に流れていますが、やっている仕事の内容は、三〇年近く何も変わっていません。月に一度はＮＨＫの番組スタッフルームに籠（こ）もり、二〇代、三〇代の若手作家諸君と机を並べて深夜まで黙々とコントを書く作業を続けています。正真正銘の現役生活です。

　現役である以上は、若者に簡単に負けるわけにはいかないと思っていますが、放送作家という職業の特性上、斬新な発想という点では若い人にはかなわないと思います。これは残念ながら間違いない事実です。

　では、ベテランはどう戦っていくかというと、そこはそれまで培（つちか）ってきた経験がものを言います。長い時間同じことを続けていれば、どんな種でも、だいたいのものはなんとか花を咲かせるまで持っていくことができます。たとえ失敗しても、最小限にとどめる術を知っています。失敗してからの立ち直り方もいくつか体得していて、少々のことじゃ潰れない体力は付いているつもりです。**斬新な発想はできない代わりに、それなりの数の引き出しも持ち合わせています。目の前に巨大な壁のようなものが現れたとしても、それを砕く道具の入った引き出しが必ずどこかにあります。**その数が豊富であれば、なんとか対等に戦っていくことができると信じています。

二〇代で『夢で逢えたら』『ウッチャンナンチャンのやるならやらねば！』、三〇代で『笑う犬』シリーズ、四〇代で『サラリーマンＮＥＯ』、そして五〇代の今、『ＬＩＦＥ！』と、年代ごとに素晴らしいコント番組に携われたことは、本当に恵まれた作家生活だと思います。

まったくのゼロからコントを発想し台本を書いて、その台本を演者さんがどういう形にしてくれるのか、収録スタジオにそれを確認しに行くのが今も大好きです。

コントの灯を絶やしてはいけない

一九八〇年代の終わりから一九九〇年代前半にかけて、テレビはコント番組全盛でした。

特にその当時のフジテレビは活気づいていて、同じ日に、隣やその隣のスタジオでもコント番組が収録されていました。ダウンタウンの松ちゃん（もちろん本人の前ではこうは呼ばない）が、一度トイレに行ってスタジオに戻ってきてみたら、間違えてとんねるずの番組収録のスタジオに入っていたというのは、有名な話です。そういえば、一度『笑う犬』を収録している時も、隣で収録中だったとんねるずの貴明さんが、こちらのスタジオを見に来たなんてこともありました。

そんな光景が日常的だった頃から時が流れ、やがてコント番組は減少の一途をたどっていきました。僕は、そんな流れの中、幸運にも数少なく存在したコント番組を渡り歩いてきました。九〇年代後半、まさにコント氷河期と言われた時、草一本も生えてない皆無な状態から始まった『笑う犬』がなんとか成功し、再びコントの時代到来かと思われましたが、その後、その潮流が続くことはありませんでした。

小学生の頃、土曜八時に『8時だョ！全員集合』という伝説の番組がありました。毎週生放送の舞台で、ザ・ドリフターズが繰り出すコントを瞬きも忘れるくらい真剣に見ていました。最高視聴率が五〇%もあったお化け番組で、全小学生の八割は見ていたんじゃないかと思います。あの週末の夜にテレビから受け取ったいくつもの興奮と感動が、その後の僕の人生に大きく影響を与え、今の僕を形作っているのは言うまでもありません。コント番組がほとんどなくなった時、一抹の不安にかられました。これからの子どもたちは、コント番組を知らずに育つんじゃないだろうかと。**僕が子どもの頃に受けたあの興奮を、喜びを、今の子どもたちにも味わってほしいという気持ちが常にありました。**そういう思いと共に、僕は、フジテレビからＮＨＫに流れ着き、しつこくコント番組を続けています。

個人的意見ですが、**コントは、日本の伝統芸能であって、その灯は、これからも絶えず灯し続けなければならないと、強く思うのです。**しかし、思いだけでは続けていくことはできません。コントを演じる人はもちろん必要ですが、コントの作り手、書き手もいないと成立しません。コントは、何よりもきちんとした台本がないと始まらないのです。放送作家としてのキャリアを重ね、ここ最近になってようやく、新しい人材を育てなければという思いが芽生えてきました。これは若い頃にはまったくなかった考えです。

コントの灯を絶やさないために自分に何かできることはないかといろいろ考えた結果、微力ながら後進の育成をすることを思い立ちました。二〇一三年から、「内村宏幸　放送作家Ｃｌａｓｓ」というのを始めています。放送作家になりたいと思ってる人、なる方法がわからないという人たちのために、毎週一回二時間の授業を二〇回にわたって行っています。もちろん、教科書なんていうものは存在しません。僕がこれまでテレビの世界でやってきたことをすべて教えるだけです。その分、重責を感じています。

二〇一六年で四期目。運良く、放送作家としてデビューを果たした人もいます。結果が出たことで、講座を始めた意義を心から感じています。これからも**コントが好きだという人たちがいる限り、僕がここまで培ってきたものすべてを伝え、次の時代を担う新しいコントの作り手を一人でも多く育てていきたい**と思っています。

日本のコントは世界に通用するのかを試したい

誤解を恐れず、声を大にして言いたいのですが、**「日本の笑いは、世界の中でもレベルが非常に高い」**と思っています。笑いという文化には、言語やその国の慣習によって多様性があるとは思いますが、日本の笑いのレベルは、かなりなものではないかと自負しています。

NHKで放送していたコント番組**『サラリーマンNEO』**（二〇〇六～二〇一一年）**は、二〇〇七年と二〇〇八年に、テレビ界のアカデミー賞と言われる「国際エミー賞」のコメディ部門で、最終ノミネート作品に選ばれました。**世界中のテレビ局で作られている数多（あまた）のコメディ番組の中から優れた五作品の一つに選ばれたのです。世界に認められたのです。しかも二年連続で。

二〇〇八年には、僕も、ニューヨークで行われる授賞式に同行しました。現地に着いてわかったのですが、想像以上にスケールが大きく豪華なイベントでした。授賞式の三日前から、毎晩いろんなイベントが摩天楼の夜景が一望できる会場で催され、一張羅のスーツを着て意気込んで参加しましたが、英語の話せない日本人グループは、シャンパングラスに口も付けず会場の隅で固まり、遠慮なく話しかけてくるほかの国の候補者たちにも、ただ曖昧(あいまい)な笑みを返すのみでした。

三日目に、メインの授賞式が行われました。着慣れないタキシードに身を包み、マンハッタンのど真ん中のヒルトンホテルへ向かうと、本家のアカデミー賞ほどではないにしろ、会場の入口にはレッドカーペットが敷かれていました。ここでも曖昧な笑みを浮かべながら踏みしめていくと、誰だかわからないアジア人たちにも無数のカメラのフラッシュが焚(た)かれ、一瞬だけセレブ気分を味わうことができました。

メイン会場は優に千人ほどが入る大ホールで、そこには、テレビで見たことのある、あのアカデミー賞授賞式さながらの光景が広がっており、まさに「世界」を感じる場所でした。式が始まり、コメディ部門のノミネート作品が紹介され、各候補作品のダイジェスト版が会場の大スクリーンに映し出されていきます。そして、『サラリーマンNEO』で発案した「セ**クスィー部長」のコントが世界中の人たちの前で映し出されたのです。うれしいことに、狙**

い通りのところで会場からドッと笑い声が起こったのです。あの時の気持ちは、言葉では言い尽くせない、至福の時でした。残念ながら受賞は逃しましたが、この時の感動は今も新鮮なまま胸に刻まれています。以来、**自分の力が世界でも通用するものかどうか試してみたい、**というとんでもない夢を描くようになりました。

この時のコメディ部門に一緒にノミネートされていたドイツやペルーのコメディ作品を見ましたが、かなりベタベタで、はっきり言って日本からはるかに遅れている感じを受け、少し自信を持ったというのもあります。さらに、我々日本とほかの国の番組予算が一桁違っていて、作品作りの環境では完全に負けていたという悔しさもありました。

もう一つ、コメディにとって、言葉の壁というのがすごく大きいこともこの時に痛感しました。受賞したのは結局イギリスの番組でした。どうやら英語圏の人は、字幕が入っている時点で興味が薄れるらしいのです。世界に打って出るにはまず、日本語のコントを忠実に訳す必要があります。しかし、日本の独特の笑いを訳すことは、至難の業です。夢を実現させるため、作業を進めている状態ですが、今も思うようには進んでいません。

しかし、この夢はあきらめずに、いつまでも持ち続けていようと思っています。

いろんなものを捨てて コントに身を投じた人

ワタナベエンターテインメント 会長
（元フジテレビ プロデューサー）
吉田正樹

彼に声をかけたのは『夢で逢えたら』を起ち上げる時、でしたね。

当時、ウッチャンは彼のことを「人間のクズです」と（笑）。朝は起きないし、一日中ずっとアパートにいて、夕方ビデオ見ながら寝る。何も生産的なことをしてない、と（笑）。そう言ってたんですよね。

逆に言えば、彼には考える時間が無限にあったわけで。当時はろくに仕事もしてなくて、気持ちだけがあり余っていて、だけど、考える時間は無限にあった。僕は、彼のその青春の一コマに注目したんでしょうね。だからこそ、一つのことに賭けた時、大きな能力が出るのではないかと。

その後、『ウッチャンナンチャンのやるならやらねば！』『笑う犬』と一緒にやってきて、振り返ってみれば、僕は、彼の放送作家としての誕生から、ずっと戦友として付き合ってきたことになりますね。

ダウンタウンの番組をやり始めた時、彼は、ウッチャンナンチャンというジャンルではなくて、コントというジャンルに人生を賭けたのではないでしょうか。コントにこだわり続け、コントしかできない。いや、褒めてるんですよ（笑）。

コントだけではみんな続かないんですよ。集中力というか、想いが続かない。多くの人が脱落していく中で、彼はいろんなものを捨てて、一つのことに身を投じたんですよ。そうやって今やコントの第一人者になられたんだから、尊敬しますね。〈談〉

第二章

指摘を吸収する力

現場ごとにいろいろな学びあり

『笑いの殿堂』
コントを書くことの基本技術を学ぶ

一九八八年、ウッチャンナンチャンをはじめとする、いわゆる「お笑い第三世代」を中心に企画されたのが、『笑いの殿堂』という番組でした。当時、『オレたちひょうきん族』の「ひょうきんディレクターズ」としても有名だった三宅恵介氏がプロデューサーで、永峰明氏が演出でした。

特に、永峰氏は、ウッチャンナンチャンが「ラ・ママ」という渋谷のライブハウスに出ていた頃から目をかけてくれていて、ウッチャンナンチャンをテレビの世界に引っ張り上げてくれた方であり、そして、僕を作家として最初に認めてくれた方です。当時、ウッチャンナンチャンの周りをウロついていた僕に、コントを書いてみないかと声をかけてくれたのです。

せっかく入った大学も中退してしまい、将来のことを何も考えず、床ずれができるほど怠惰な生活をしていた若僧の進むべき道が、二六歳にしてようやく決まった瞬間でした。

締切の日に、一〇本くらいのコントを書いて提出しました。自信があるとかそういう気持ちはまったくありませんでしたが、ただ、朝まで眠さと戦いながらなんとか台本のような形にできて、生まれて初めて得た達成感でいっぱいでした。

数日後、永峰氏から連絡があり、信じられないことに、一〇本のうち半分くらいが採用されました。もし、この時に一本も採用されていなかったら、おそらく放送作家の道を進むことはなかったでしょう。まさに、人生を決定づけられた日だったと言えます。

この『笑いの殿堂』という番組の作り方は、いわば劇団の舞台公演のようでした。スタジオで収録する前に、当時はまだ新宿・河田町にあったフジテレビのリハーサル室に出演者と作家、制作スタッフが一堂に会し、数日かけて稽古が行われました。

リハーサルが始まると、自分が書いた台本を出演者たちがその通りにしゃべり、そしてその場に笑いが起こる。考えれば当たり前のことですが、目の前で起こっていることに、言いようのない高揚感を覚えたものです。しかもそれが仕事になっていることは、うまく理解できない思いでした。

その後、いよいよスタジオでの収録。いくら景気のいい時代だったとはいえ、深夜番組だったので豪華なセットはほとんどなく、たとえば教室の設定だったら、「白ホリ」と呼ばれる白一色の背景の前に、教卓と机、椅子を並べただけの本当にシンプルなセットでした。しかし、このスタイルが、後に始まる『夢で逢えたら』（一九八八〜一九九一年、フジテレビ系列）や、それ以降のフジテレビ深夜のコント番組のモデルになったと言えます。

この番組には、今をときめくメンバーが参加していました。ウッチャンナンチャンのほかにも、爆笑問題、石塚英彦、ピンクの電話、第一回には、今田耕司、東野幸治、野沢直子という面々もいたのです。

そして、この番組の中で書いたある一本のコントが気に入られ、なんと、あの『オレたちひょうきん族』のワンコーナーとしてやることになるとは！　信じられないことが起こる毎日でした。

この番組で、今に繋がるすべての基礎的な技術を身に付けることができたと言えます。本当にラッキーなスタートでした。

『オレたちひょうきん族』
もうこの仕事しかないと、心の底から思った瞬間

『笑いの殿堂』で書いたコントの中に、「人間動物園」というものがあります。いろいろな人たちが出入りする場所に、なぜか実況席があって、そこに現れるさまざまな人たちを動物園の動物のように観察していくという内容でした。

ある日、大変なことを聞かされました。『笑いの殿堂』の演出の永峰氏が、「ひょうきんディレクターズ」の一人だったことから、このコントをそのまま、「ひょうきん族」でもやろうと言うではありませんか。すぐには、意味が理解できませんでした。どうやら、あの「ひょうきん族」で放送されるらしいということが次第にわかってきましたが、思考の範囲をはるかに超える現実味のない話でした。

とりあえず言われるままに、「ひょうきん族」用に台本を書きました。何度かの手直しの後、製本された台本の表紙には『オレたちひょうきん族』と確かに書かれていて、一週間後に収録ということになりました。お試しのワンコーナー企画だったので、さすがに、さんまさんやたけしさんは出演していませんでしたが、実況役をラサール石井さん、解説役を山田邦子さんが演じてくれました。

収録当日、スタジオの前で緊張しながら待っていると、あの毎週見ているメンバーが、台本に書かれたそれぞれの扮装をして次々に目の前を通り過ぎていきました。九州の片田舎から出てきた一人の若者に、まさか、こんな運命が待ち受けていようとは。もう絶対にこの仕事しかないと、心の底から思った瞬間でした。

この「人間動物園」のほかにも、「ひょうきん族」のために毎週コントを書き続けました。皆さん、あまり覚えてないとは思いますが、「ひょうきん族」では、正月、受験シーズン、クリスマスなど、日常を描いたショートコントのコーナーもやっていたのです。この時は、まだ若さもあったので、毎週一〇本のコントを書いて提出しました。そのうち、三本採用されればラッキーという確率でしたが、それでも偉大な番組のためにコントが書ける喜びでいっぱいで、体力とかスケジュールとか、無論ギャラとか一切関係なく突っ走っていくことができました。

この日常的なコントのコーナーには、さんまさんやたけしさんも何度か出演してくれました。自分が書いたセリフを、目の前であの二人が演じてくれているのをスタジオの隅からじっと見つめていました。卒倒しそうな気分でした。自分はひょっとして天才じゃないか？そう勘違いしてもおかしくないほどの幸福な時でした。

最後の一年だけでしたが、『オレたちひょうきん族』に参加できたことは、自分のキャリアの中でも、最も誇らしい出来事なのは間違いありません。覚えている人もいるかもしれませんが、この「ひょうきん族」では、スタッフの名前には必ずミドルネームが付けられることが習わしとなっていました。僕はなんと名付けてもらえるのだろうと楽しみにしていましたが、そこは予想通り、「内村イトコ宏幸」でした。

『夢で逢えたら』
切磋琢磨して面白いものを書いてやろうと発奮

新宿・河田町時代のフジテレビの三階には、当時フジテレビの花形バラエティ番組を作っていた制作局第二制作部があり、番組の島ごとに机が分かれていて、頭上には、天井から、『笑っていいとも！』『とんねるずのみなさんのおかげです』『志村けんのだいじょうぶだぁ』などの錚々たる番組名が、安っぽいプレートに書かれてぶら下がっていました。

ある日、『オレたちひょうきん族』と書かれたプレートの下での打ち合わせが終わって帰ろうとしていると、少し離れた島にいる別の番組スタッフから手招きされました。すでに、フジテレビ深夜の『冗談画報』（一九八五～一九八八年に放送されていたバラエティ番組）という番組で、ウッチャンナンチャンが出演した時に顔見知りになっていた人たちだったので、呼ばれるがまま近づいていくと、二人の若いディレクターに挟まれ耳打ちされました。

「今度、番組枠が移動して一新するから、作家で入ってくれない？」

うれしすぎる言葉を聞いてふと見上げると、頭上のプレートには、『夢で逢えたら』と書かれていました。

『夢で逢えたら』は、当初は関東ローカルのみの放送、放送時刻も深夜の二時台で、この時は僕はまだ一視聴者でした。思い出すのは、光良君が、毎週、放送が終わると深夜三時過ぎに電話をかけてきて、その日の感想を必ず聞いてきたことです。僕は、番組の冒頭から一つずつ振り返って、見ていて気づいた点を率直に伝えました。そのやりとりは、しばらくの間、続きました。

番組は、深夜帯での放送開始からうなぎ登りに評判を上げていき、開始からわずか半年後の一九八九年四月に、土曜の午後一一時台に昇格し、何もかもがパワーアップされ、リニューアルスタートしました。このタイミングで、僕も晴れて作家の一員として参加することになったのです。

番組は、前半のショートコントパートと、後半の長めのシチュエーションコントパートに分かれていて、僕も含めた若手作家五人が、ショートコントの担当でした。毎週提出する数本のコント台本の中から担当ディレクターが選抜し、規定本数に達していればOKなのですが、足りない場合は、その日は、本数が出揃うまで帰れませんでした。

規定本数に達したとしても、それが全部採用というわけではありません。演じ手であるウッチャンナンチャンとダウンタウン、二組の目を通し、さらに選別されました。そういういくつもの厳しいフィルターにかけられて残るのが、毎週約三〇本のうちの七、八本のコントでした。そこまで勝ち残ったコントがようやくスタジオ収録されることになるのです。

ショートコントには、いくつかシリーズ化されたキャラクターがあります。僕が担当していたキャラの中で最も長く続いたのが、「ポチと卍丸」というコントでした。当時のバンドブームからヒントを得たもので、派手なメイクをしたビジュアル系のミュージシャン二人組が、奇声を発しながら体制への反抗を歌っているくせに、普段はものすごく腰が低くて礼儀正しいというキャラ。奇しくも「ポチと卍丸」はウッチャンナンチャンが演じ、レコード会社の悪徳プロデューサー役を浜ちゃん（本人の前ではこう呼んだことはない）が演じていました。自分が生み出したキャラは愛着が強く、ほかの作家には渡したくないという気持ちで書いていました。最終話を作る際には、当時ドラマの掛け持ちで忙しかった浜ちゃんにわざわざ時間を作ってもらって、直接打ち合わせをした記憶があります。

この頃が、コントを書く力を確実に付けていった時期でした。楽しくて仕方なかった時期でもあります。一緒に番組を作っている作家たちは仲間ではあるけれど、お互いによきライバルとなり、刺激し合って切磋琢磨して書き上げ、出演者がそれをさらに何倍も面白くしてくれて、それを見て作家陣がさらに発奮して、もっと面白いものを書いてやろう、となる。その相乗効果が確実に番組の勢いになっていたと思います。

そういえば、若気の至りで、僕は二度ほど出演したことがあります。「いまどき下町物語」

という番組後半のストーリー性のあるコントで、光良君が演じていたキャラ「村さん」の先祖という役で上から吊されて登場したのです。若さとはつくづく恐いものですが、ウッチャンナンチャン、ダウンタウンと共演したというのは、ちょっと自慢です。

『ウッチャンナンチャンのやるならやらねば！』

放送作家としての自信と勇気を与えられた

一九九〇年一〇月、それまで『オレたちひょうきん族』が担っていたフジテレビの看板ともいえる土曜八時の枠で、弱冠二六歳のお笑いコンビの名前を冠にした『ウッチャンナンチャンのやるならやらねば！』が、新たにスタートすることになりました。

僕も、若手の作家の一員として毎週アイデアを出し、コントの台本書きに追われ、『夢で逢えたら』も並行してやっていたため、週のほとんどをフジテレビで過ごすという生活でした。この頃は毎回の会議が長く、朝まで続くことはザラでした。というのも、この番組でディレクターとしてデビューした片岡飛鳥氏（「めちゃイケ」の総監督）とはなぜかウマが合ったからで、会議が始まると、まずは関係のない雑談から始まります。会議が長引く原因は、その雑談が果てしなく盛り上がっていってなかなか本題に入らないためです。この時のクセで、会議はまず雑談から入るものだというのが、今も刷り込まれているのかもしれません。

少しずつコントを書くコツもわかってきて、自分なりのやり方も構築でき始めていました。放送作家になってまだ二年余り、幸運なことに最初から大きな番組に参加することができて、仕事の量も徐々に増えていきましたが、もちろんそれは、ウッチャンナンチャンの大躍進に負うところが大きかったのは言うまでもありません。彼らの勢いに引っ張り上げられ、知らぬ間にどんどん力を付けていったというのがこの時期だと思います。短いコーナーの担当から始まり、次第に長い尺のコント台本を任されるようになりました。

忘れられないひと言があります。夜中遅く会議が終わった後、台本を一人コツコツと直して、この番組のチーフディレクターで『夢で逢えたら』からお世話になっている吉田正樹氏（現ワタナベエンターテインメント会長）に見せた時のことです。

「もうどんなものを書いても、ある程度の水準のものは書けるようになったでしょう?」

このひと言が、僕にどれほどの自信と勇気を与えてくれたことか。それまでただ無我夢中で仕事をしてきて考えたこともありませんでしたが、このひと言で、放送作家としての自分を初めて客観的に見ることができ、この仕事でなんとかやっていけそうだという自信を持つことができました。

この番組では、前身の『ウッチャンナンナンチャンの誰かがやらねば！』の半年間の生放送で試すことができたネタが財産となり、それをさらに発展させ、「マモー・ミモー」（『ウッチャンナンチャンのやるならやらねば！』で内村光良〈マモー〉とちはる〈ミモー〉が演じ、大ブレイクしたキャラクター）をはじめ数多くのヒットキャラクターを生み出すことができました。

そして当時、「月9」と言われるトレンディドラマを牽引する存在だったフジテレビには、いい材料がそばにたくさんあったので、『101回目のプロポーズ』をはじめ、世間で話題になっていたドラマやCMを、とにかく片っ端からパロディにしていきました。パロディをやる場合、改めて一話からじっくりと見直して研究し尽くすところからやっていて、ロケ地も本家と同じところまで出向いて同じ画面作りを試み、それはもう、パロディのくせに、どこかで本家を超えてやろうという、そんな気概さえありました。

『ダウンタウンのごっつええ感じ』
面白いアイデアとは何かをとことん考えた

『夢で逢えたら』の時に僕が挟まれた二人のディレクターのうちの一人、星野淳一郎氏からまた声をかけてもらい、『ダウンタウンのごっつええ感じ』（一九九一〜一九九七年、フジテレビ系列）に参加することになりました。『夢で逢えたら』の終了と同時期でしたが、フジテレビ通いはますます多くなってきました。考えてみると、ウッチャンナンチャンとダウンタウンのゴールデンタイムのレギュラー番組両方に作家として加わっていたわけで、自分で振り返ってみても、仕事もこなれてきていて、かなり調子に乗っていた時期だと言えます。

しかし、ダウンタウンとの仕事は、ウッチャンナンチャンとはまた違って、かなり緊張感がありました。どちらかと言えば、僕の書くコントはどうしてもウッチャンナンチャン寄りの発想のものが多かったので、この番組では、コントも思うように採用されませんでした。

コントを書く日というのが決まっていて、会議室に入ると、今日書くべきコントのテーマがホワイトボードに列記されているのが見えます。僕も含めた若手作家だけが会議室に閉じ込められ、静まり返った会議室でただひたすらその日のお題をクリアすべく黙々と書いていくという作業が始まります。まだ原稿用紙に手書きだった時代、ひたすら走らせるペンの音だけが部屋に響き渡ります。しばらくすると、チーフＡＤ（後に演出となる小松純也氏）が見回りに来て、その時点で出来上がっている台本を持って、別室で待機しているディレクターの元へ行きます。やがてＡＤ小松氏が戻ってきて合否の結果を伝え、そこでコントにＯＫが出て、ボードに書かれた課題がすべてクリアになれば終了。ＮＯが伝えられれば、また新作を書き始める、という過酷極まりない時間でした。

　コント以外でも、番組のコーナーごとに分科会と言われる小規模の打ち合わせがあったのですが、そのすべてに松ちゃん自らが参加していました。収録が終わった深夜からその分科会は始まります。そして、納得のいくものが出来上がるまでは終わらないのです。それだけでも、ダウンタウンとしての松ちゃんの覚悟というものが十分に伝わってきました。

　作家陣が、一人ずつ松ちゃんに自分の考えた企画をプレゼンしていくのですが、その企画がいま一つの時は、リアクションすらないこともあり、この時の雰囲気は、今思い出しても身震いしてしまいます。

　もちろん、終始そんな雰囲気だったわけではなく、面白い企画の時には誰よりも笑ってくれ、和やかな空気に包まれます。一度、僕の企画にも笑ってもらえたことがありました。自分が出したアイデアで、あの松本人志が目の前で笑ってくれたのです。申し訳ないのですが、ウッチャンナンチャンのそれよりも、喜びが大きかったような気がします。

　この番組では、コントではなく、いろんな企画のアイデアの出し方を多く学びました。よく覚えているのが、「豪邸釣り堀り」という企画。まず、ヘリコプターで大物政治家の家の上空まで行きます。そこで眼下に見える大きな庭にある池に向かって釣り糸を垂らし、政治家が飼ってる高級な鯉を釣り上げようというものでした。会議の場では、かなりウケました。

もちろん、こんな企画、あの当時でさえ実現は不可能です。でも、無理そうだとはわかっていても、なんとか実現する方法はないかと大人たちが前向きに真剣に話し合ってくれる、そんな空気感がありました。面白いアイデアとは何かをとことん考えさせられた番組でした。

『笑う犬』シリーズ
小細工をしなくても面白ければ見てもらえる

ＴＢＳで『ウンナンの気分は上々。』を収録していた日、楽屋で光良君と雑談していた時に、「今度、またコント番組をやるから手伝って」と言われました。それが一九九八年に始まった『笑う犬の生活』です。

この番組が起ち上がった頃は、まさにコント氷河期と言われた頃で、どこを見渡してもコント番組はやっていませんでした。何て無謀な挑戦だというのが正直な感想でした。

とりあえず企画が進んでいることは確かだったので、すぐに、総合演出に任命されていた小松純也氏を訪ねるべく、お台場に移転したばかりのフジテレビに向かいました。その最初の打ち合わせでは、テレビマンの発想として、当時の状況を踏まえると、まずトークコーナーがベースにあって、トークで盛り上がった話題をコントにしてみる、という構成にするつもりでした。しかし、内村光良の、「あくまでもコントだけで番組を作りたい」という強い意志に押され、純粋なコント番組で行くことになりました。結果から言うと、彼のコントへの情熱が、あらゆるものを凌駕（りょうが）したわけです。小手先のものでごまかそうとしていた我々は、つくづく反省させられた出来事でした。

覚悟を決めて、コント作りに励む毎日がまた始まりました。すでに三〇代後半で中堅作家の位置になっていましたが、まだまだ最前線でコントを書く仕事が続きました。特にテーマというのもなかったので、制限なく自由な発想で毎回書いていて、しばらくぶりのコント番組でアイデアがたまっていたせいか、この番組では、「小須田部長」（九二ページ）をはじめ、新しいキャラクターをいくつも生み出すことができました。

番組も、午後一一時台の二〇分番組という経験のない場所で、出だしこそ苦戦しましたが、徐々に評判が広がり、開始から三カ月で視聴率が一五％を超え、一年後には、ナンチャンを加えてゴールデンタイムに昇進することになりました。何かと言えば、視聴率が取りざたされる時代になっていましたが、面白いものを作っていれば、変な小細工をしなくとも、多くの人に見てもらえるものだと改めて学んだ番組でもあります。

午後一一時台に放送していた頃は、終わってすぐにニュース番組が控えていて、キャスターの安藤優子さんが生で番組の告知をするという場面に直結していました。これを利用しない手はないと、番組の最後の最後に、まったく同じセットで光良君が本番直前の安藤さんに扮してちょっとふざけるという五秒くらいのコントをやって本物の安藤さんに繋がるという構成を仕掛けました。真面目なニュース番組へと切り替わる時間なのに、たまにリアクションしてくれる安藤さんの度量の大きさにはとても感服しました。こういうシャレを理解してくれるフジテレビの体質を十分に感じた出来事でした。

『サラリーマンNEO』
自分の力を試して新たな自信を摑んだ

『笑う犬』シリーズは、『笑う犬の生活』「冒険」「発見」「情熱」「太陽」と何度かタイトルを変えながら約五年間続きましたが、テレビ界にコント番組のムーブメントが再び起こることはありませんでした。これでまたしばらくはコント番組もできないだろうと思っていた矢先、予想だにしなかったNHKからの依頼がありました。

NHKのプロデューサーの方が、たまたま『笑う犬』総合演出の小松氏の大学時代の先輩で、コント番組を始めるにあたって誰か書ける奴を紹介してくれという連絡が小松氏のところにあり、僕が紹介されたというわけです。

しかしながら、最初に話を聞いた時は、うれしかった反面、NHKに対しての印象から正直かなり不安を感じていました。この番組からタッグを組むことになった演出の吉田照幸氏が「NHKらしくない、でもNHKにしかできないお笑い番組を作りたい」という強い一念で企画を通し、この番組は起ち上がりました。けれども、現場には、スタジオ収録のコント番組の経験者が僕しかいないという状況。最初の頃の会議では、コント収録中にスタッフが笑うべきか、我慢するべきかを真剣に話し合うようなこともあったりで、まさに手探りの状態から始まりました。

僕も、手探りのままサラリーマンを題材にしたコントを何本か書いてみました。吉田氏は、すぐに僕がやろうとしていることを理解してくれて、そこから何度か打ち合わせを重ねていくうちに、これは今までにない面白いものができるかもしれない、という予感に変わっていきました。

何度かの試作の後、二〇〇六年からついにレギュラー放送が始まりました。サラリーマンに特化した内容、民放のコント番組と差別化するために吉田氏が目論んだ、役者によるコントというのも評価され、世の働くサラリーマンから賛同を得ました。

自分のキャリアの中でも、特に思い入れの強い番組になりました。何よりＮＨＫでこんなふざけたことができたということ。そしてこれまでの番組は、やはりウッチャンナンチャンの力があってこその功績でしたが、この『サラリーマンＮＥＯ』は、自分の作家としての力を試すことができて、新たな自信が持てた番組です。シーズン２では、スタッフの強い要望もあり、内村光良の出演というのも実現し、自分が関わった番組にウッチャンナンチャンのどちらかをゲストで呼ぶという夢も、叶えることができました。結果的にこれが、現在の『ＬＩＦＥ！』に繋がっていくわけです。

何よりも驚いたのは、『サラリーマンＮＥＯ劇場版（笑）』という映画になってしまったことです。たかだかテレビの三〇分のコント番組がまさか映画化されるとは。奇跡のような出来事が次々に起きてしまいました。これまで携わった番組で、こんなにも大きく評価を受けたものはほかにありません。

後日談として、最初にＮＨＫのプロデューサーが『笑う犬』の小松氏に電話をかけた時、実は、別の小松という人物に電話をするつもりが、間違ってフジテレビの小松氏に連絡してしまった、という裏話を聞かされました。この番組は、一本の間違い電話をキッカケに始まったというわけです。人生、何が起こるか本当にわかりません。

『祝女　～shukujo～』
〝女心〟の壁に直面し、別世界のコント作りを学び直す

『サラリーマンＮＥＯ』の成功によって、ＮＨＫが作るコント番組というのが確立したおかげで、ＮＨＫでコメディ番組が積極的に作られるようになり、今度は、女性を主人公にしたコメディ番組を起ち上げることになりました。演出は、『サラリーマンＮＥＯ』の頃から一緒にやっていた西川毅氏が担い、友近さん、ＹＯＵさん、ともさかりえさんという個性豊かなキャストが揃って、「女に生まれたアタシを祝う」という謳い文句の下に、二〇一〇年から『祝女』がレギュラー番組としてスタートしました。

ところが、これがこれまでのキャリアの中で一番難しく、最も手こずる番組になったのです。目の前に立ちふさがったのは、〝女心〟という得体の知れないものでした。

それまで、僕が書いてきたほとんどのコントが、男目線のものでした。自分が男なので当然そうなるわけですが、いざ女性を主人公にしたコントを書いてみたら、それまで考えもしなかった難しさが待ち受けていたのです。

番組の性質上、女性スタッフに多く参加してもらいました。構成会議の場では、僕と演出

の西川氏以外は女性という、それまで経験したことのない状況でした。会議の進め方も、それまでとはまるで異なるものでした。

同じ企画について話し合っているのに、頭の中でイメージしているのは、まったく違う絵だというのを、明らかに感じることがありました。

頑張って女性が主役のコントを書いてみたのですが、会議の場で、女性スタッフから見事にダメ出しを食らいました。二〇年以上コントを書いてきて、ほとんどのことはわかっていたつもりだったのに、まったく思いも寄らない角度から意見が飛んできたのです。

「女性はこんなこと言いませんねえ」「これは女性に対して内村さんが思ってることですか？」「これ、男から見たかわいい女ですよね」などと、「違ってるかもしれませんが」と前置きをしながらも、それはもう容赦のない一斉攻撃でした。

たとえば、四〇代の女性課長が、最近配属された年下の部下に好意を持たれていて、ある日いい雰囲気になって思い切って女性から誘ってみたら、完全な勘違いだったというオチのコントを書きました。しかし、これに対して、「これでは女性があまりにもかわいそうです。最後はうまくいくという終わりがいいと思います」とあっさり否定されました。

しばらく、言葉を失いました。いわば、コントにオチはいらないと言われたわけです。試しにいろんな女性にも聞いてみましたが、ほぼ同じ答えでした。僕がこれまで築き上げてきたことは何だったのか？　まるで体験したことのない別世界の存在を深く刻み込まれました。

それからしばらく、コントを書くのがちょっと恐くなった時期があったほどです。

この『祝女』は、シーズン３でテレビ放送は終わりましたが、その後、女性ファンからの復活希望の声が多かったことから、舞台版として復活し、再演も果たしました。

足かけ四年余り、女性心理を描いたコントを作ってみて、ものすごく勉強になりました。女性は、結果ではなく共感を求めるものであるということ、普段悪口を言っている相手とも仲良く食事ができるということ、恋愛中は友達関係が極端におろそかになるということなど、女性界の独特のルールをいくつか学びました。

しかし、頭ではわかっていても、心から理解できてはいません。今もってなお、謎は解明できていないままです。

『ＬＩＦＥ！　〜人生に捧げるコント〜』
芸人と俳優の芝居が絡み合う楽しさ

『サラリーマンＮＥＯ』は映画化にまで発展し、ひとまずの役目を終えましたが、ＮＨＫスタッフの中には、まだコント番組の可能性を感じている人たちがいました。次は、コントの王道を歩んできたあの人とぜひ一緒にやってみたいという声が上がり、内村光良を担ぎ出すことになったのです。決して僕が間を取り持ったということはなく、『祝女』の演出をやっていた西川氏をはじめ、ウッチャンと一緒に仕事がしてみたいという人がたくさんいたのです。

本人も『笑う犬』が終わってコント欲が高まっていたのか、すぐにやろうということになりました。前述したように、『サラリーマンＮＥＯ』で一度ゲスト出演して、ＮＨＫのコント作りの雰囲気を体験していたことも大きかったと思います。

しかし、さすがにいきなり大々的に始めるというのは難しく、二〇一二年にまず、お試しの意味でＮＨＫのＢＳでの放送が始まりました。

この番組を始めるにあたっては、今だから言えることですが、キャスティングにかなり時間をかけました。内村光良を中心とした芸人と役者のコラボという、大まかな座組みは決まっていましたが、具体的には、誰に入ってもらうのが一番いいのか、いろんなバランスや組み合わせの可能性を考えて、時には仮のコントの設定を用意して、この人とあの人が演じたらどうなるかなど、細かくシミュレーションを繰り返しましたが、なかなか決まりませんでした。しかし、長い時間悩んだ甲斐があって、結果的に、芸人も役者のメンバーも、そして女優陣も、申し分のない人たちが集まりました。

内村光良を座長に、コントのできる芸人の中でもトップクラスのココリコ田中直樹、ドランクドラゴン塚地武雅といった、将棋でいう〝飛車角〟が揃い、そこに絡んでくる俳優陣も、ムロツヨシ、星野源という、最近の活躍は説明不要なほど乗りに乗っている二人が揃ったのは、これ以上ないタイミングでした。そして、西田尚美さん、臼田あさ美さん、石橋杏奈さんの三人の女優陣、彼女たちは事前の台本チェックもなしに、どんな役でも楽しんでやってくれ、プロの仕事をしてくれる女優さんたちです。さらに二〇一六年からは、最強の助っ人、吉田羊さんも新しく加わりました。

これは、『サラリーマンNEO』時代から感じていることですが、僕はコントに出てくれる俳優さんを無条件で尊敬します。『LIFE!』という枠の中で、芸人さんではない人たちが、コントに真剣に向き合ってくれる姿には、本当に頭が下がります。

この番組が始まって、芸人さんと俳優さんとでは、芝居の作り方が少し違うことに気づきました。俳優さんが、リハーサルを繰り返す中で、自分の芝居を構築しながら本番に臨むのに対して、芸人さんは、リハーサルでは手の内を見せず、本番でいきなりトップギアに入れてきます。この両者の芝居が絡み合う瞬間が、見ていてとても楽しいです。

練り込まれた台本が用意され、しっかりとしたセットが建てられ、質の高い芝居の演じ手が揃い、『LIFE!』は、二年目から地上波総合放送に移り、半年間限定のレギュラー放送を開始。そして、この二〇一六年春からは、ついに年間を通しての放送になりました。

『サラリーマンNEO』が始まってから一〇年以上が経ち、NHKのコント番組というスタイルが、より明確に出来上がってきた気がします。この『LIFE!』は、単なるコント番組にとどまらず、これからいろんな方向に発展する可能性があると思っています。

『となりのシムラ』
やってきたことはいずれ必ず役に立つ

気がつけば、純粋なコントの番組を作っているのは、NHKだけになってしまったという感じです。だから、志村けんさんがNHKでコントをやる、そう聞いた時は、ついに来たか、という思いでした。

『サラリーマンNEO』から朝ドラの『あまちゃん』へ、そして今や映画監督にまで仕事の幅を広げている演出の吉田照幸氏が担当し、二〇一四年、志村けんさんのコント番組『となりのシムラ』が作られることになりました。憧れの志村さんのために台本が書ける。長くコントを書き続けて、いよいよ、という気持ちでした。

そして、志村さん本人との打ち合わせの日がやってきました。当日、志村さんの事務所に緊張感たっぷりに赴き、部屋に通されました。ドアが開くと、奥のテーブルで黙々と台本の束に目を通すご本人の姿が見えました。プロデューサーを筆頭に五人ほどのスタッフでそばに近づいていきました。僕の緊張はピークに達していました。

志村さんは、一瞬顔を上げ「おう」と言うと、またすぐに台本に目を戻しました。とりあえず我々は、志村さんを囲むように座り、志村さんが台本を読み終えるのを待ちました。僕は、台本を読んでいるご本人の横顔をじっと見つめ、「志村けんだ、志村けんが目の前にいる」と、心の中でずっと呟（つぶや）いていました。

ようやく志村さんが台本を読み終えると、打ち合わせが始まりました。予想外だったのは、僕以外のスタッフは、すでに志村さんと会っていて挨拶は済んでいたので、そのまま、特に僕の紹介をすることもなく打ち合わせに突入したことです。こういうことはよくあるのです。話を中断して自己紹介するわけにもいかず、僕が誰だかわからないまま打ち合わせは進み、その間、僕はただ、志村さんの話に頷（うなず）いたり、引きつった笑いをしたりするだけでした。結局、今もまだ、きちんと紹介はされていません。

しかし、何度目かの打ち合わせで、不思議なことがありました。ある一本の台本について、いつもとはちょっと違う厳しい目で指摘されたのですが、それは、紛れもなく僕が書いた台本でした。志村さんは、僕が作家だということくらいは認識しているという程度で、名前も知らないし、台本に作者が明記されているわけでもありません。僕が書いたことがわかるはずもないのに、なぜか僕の目を真っ直ぐ見て指摘されたのです。これには驚きました。

志村さんのご指摘はもっともなことで、僕がつい調子に乗って、「その辺にいる普通のオジサンの日常」という番組のコンセプトから逸脱したような内容を書いてしまったからでした。僕としては、面白くなると思って書いてみたのですが、そこを見事に指摘され、志村さんのコントに対する並々ならぬ情熱を、身をもって理解しました。心臓が飛び出そうな瞬間でしたが、あの志村けんが、至近距離で僕の目を見てしゃべっている、そう思い始めると、なぜか感動していました。

この番組は、二〇一六年七月までにすでに第四弾まで放送されています。

最初に採用されたのが、「コーヒーショップ」のコントです。スタバみたいな店に勝手がわからないオジサンが入り、店員が注文を取りに来ないことやメニューの複雑さに翻弄され、なかなかコーヒーが飲めないという内容でした。

この番組は、こんな感じで、志村さんが一切メイクをしない、キャラにも扮しない、等身大のオジサンの日常で起こる話をベースに、ドラマに近いオールロケのコントというのが特徴です。これからもまだまだ定期的に続いていくと思います。

一回目の撮影が終わって軽く打ち上げが行われました。僕はおそれ多くて、ご本人の目の届かない店の隅の席でひっそりと参加していました。でも、それで十分でした。場の雰囲気が落ちついてきた頃、志村さんが、『8時だョ!全員集合』の話を始められました。その話に遠くの席から耳を傾けているうちに、いろんなことがこみ上げてきて、鼻の奥がツーンとしてくるのがわかりました。

毎週土曜の夜、テレビにかじりつくように見ていた子どもの頃の自分に「お前が今やっていることは将来必ず役に立つ、そしてこの人に会う」、そう言ってやりたい気分でした。

同世代はみんな大人になったのに

フジテレビ
チーフゼネラルプロデューサー
片岡飛鳥

あんちゃんと仕事をしてた頃は、二人ともまだ二〇代で。今になって思うのは、好きなことしかテレビにはならない、他人の顔色をうかがうようなものはテレビにならないという今の僕の生き方は、あんちゃんとの会議という名の雑談で植え付けられたような気がしますね。よく雑談してました。悔しいからお互い自分からは切り上げない（笑）。自分たちがこんなに笑えることをしゃべってるんだから絶対に面白いテレビができると思い込んで、朝まで雑談してたわけで。若い頃の根拠のない自信ですよね。

僕らの年代は「ああいうテレビがいいな」「こういうテレビがいいな」という強い想いがあって、この世界に入ってきたんですね。でも、その想いのままを実現すると、だいたい一発目は失敗する。それを僕と高須光聖（放送作家）は「若い頃のウンコみたいなもんだ」と。つまり、出さなきゃしょうがない。ずーっとしたいしたいと思ってるから、ウケようがウケまいが「あ〜よかった、出せてスッキリした」と（笑）。

ウンコはすなわち青春で、伊藤正宏（放送作家）とか同世代のクリエイターはみんな、ウンコばかりしてられないって大人になったのに、まだウンコし続けてるんですよね、あんちゃんだけは（笑）。コント一筋で幸せなクリエイターだなぁ、と。そのあんちゃんが結婚ってびっくりですよ！　選ばれた人なんだろうなぁ。家族がいたら、ウンコなんかひねり出してちゃいけないと思いますから、普通は（笑）。

〈談〉

教養人の香り、それも強さ

フジテレビ
小松純也

正直、内村さんが放送作家として生きのびるとは思っていなかったんですよ（笑）。放送作家さんと言えば、今のテレビのトレンドがどうだとか、プロデューサーや出演者の機嫌をとるのが上手とか、そういう人が多い中、内村さんはまったくそういうことをしないから。

彼は、コントを「書く」人なんですよね。僕は『笑う犬』が終わった時に、この先もうコント番組はないだろうと思ってました。だから一番心配になったのが内村さんでした。ほかの作家さんは何かやっていけるだろうけど、内村さんがうまくやっていけるとは思えなくて。ちょうどその時、NHKの方から『サラリーマンNEO』の起ち上げの相談があったので、これ幸いと紹介したわけです。変な話、失業者対策。それもその場しのぎの（笑）。そこから『LIFE！』に繋がって、コント番組が今もあり、活躍なさってることに内村さんの力を感じますね。媚びることも威張ることもなく飄々と、でも、ちゃんと生き残って第一線で仕事をされて。それはまさに「ひねり出す力」があったから。ほかの作家ならもっと人付き合いをしますよ（笑）。

もう一つ、内村さんは、今じゃもう地方でしかお目にかかれないような自然な教養人の香りがします。品格があるというか、そこも強さだと思います。何より達筆！読めないぐらい（笑）。多くの作家さんの台本を見てきましたが、文字にはその人が通り抜けてきた世界が現れますね。

〈談〉

第三章

キャラクターを生み出す妄想力

あのキャラの誕生秘話

「ミル姉さん」

『笑う犬』シリーズ

桃井かおりさんのイメージはウッチャンのアドリブから

写真提供：フジテレビ

このキャラクターの一発目は、確か、干し草が敷かれたソファに座った「ミル姉さん」が、牛の世話をする牧場の人たちを並べ説教していく、という設定でした。元々、最初の台本は、僕が書いたものではなく、毎週提出してくる若手作家の作品だったと記憶しています。

最初の収録で、演じる内村光良が、牛の着ぐるみを着てボブヘアのカツラを被ってみると、桃井かおりさんのイメージが浮かんだらしく、当時、化粧品のCMに出ていた桃井さんの口調をまねたしゃべり方をしてみたら、これがまたピタリとはまり、もう桃井さんにしか見えなくなったのでした。一本目を撮り終えた時点で、牧場の設定よりも、ミル姉さんのキャラが面白いのでそっちの方向で伸ばしていこうということになったのです。

二本目からは、前に座っていた牧場の人たちがいなくなり、カメラ目線で、身近に起こった愚痴を言うという設定に変わりました。といっても、桃井さんの口調だけが頼りで、内容は、「牛だけに、今日も面白さギュウギュウ詰め」という程度の〝牛漫談〟でした。

その後、何度か設定を変えて、かなり長い間続けることになりました。

場末のスナックのママという設定で、最後にカラオケで歌った後に泣き崩れたり、ラジオのＤＪになってリスナーの悩みに答えたり。いつの間にか僕の担当になっていて、かなり好き勝手に書いていました。最後は、印旛沼（いんばぬま）ケーブルテレビ局で自分の冠番組を持ち、毎回、お気に入りの映画やＤＶＤを一本紹介するという設定になりました。コントというより、内村光良本人が好きな映画を紹介して、お気に入りの一場面を再現するというコーナーでした。たとえば、「あたしがもし合コンするなら、相手はこんな人たちがいいわ」と言って黒澤映画の『七人の侍』のパッケージを出し、内容を紹介していくといった具合です。

そういえば一度、番組の枠を飛び出したこともありました。この映画紹介のコーナーが気に入られ、当時、フジテレビが土曜日の夜九時から放送していた『ゴールデン洋画劇場』の冒頭にミル姉さんが登場して、その日放送する映画の解説を務めたのです。そして、とうとうご本人の耳にも届き、なんと桃井かおりさんがゲストとして登場、同じような牛柄の衣装を着て奇妙なツーショットを披露するというスペシャルバージョンもありました。

動物の着ぐるみを着て、その動物が言葉をしゃべるというコントは、今までにもいくつかやってきましたが、これは、最も人気を博したキャラではないかと思います。

「小須田部長」
『笑う犬』シリーズ
番組の知名度を上げ黄金期を支えた人気キャラ

「小須田」という名前は、『夢で逢えたら』時代から付き合いのあるスタッフの名前です。キャラクターの名前を考える時、身近にいる人の中で雰囲気の近い人の名前を拝借することはよくあります。

このキャラクターも、元々は若手作家の作品で、確か一本目は、「引っ越し」というタイトルでした。自分の意に反してどんどん辺境地へ飛ばされていく、内村光良演じる「小須田部長」の荷造りを、ネプチューン原田泰造演じる部下が手伝い、引っ越し先に「いるもの」「いらないもの」を分けているうちに、次の赴任先がだんだんわかってくるという、中年の哀愁漂うコントです。

シリーズとして続けるかどうかは、だいたい、初回の収録現場の雰囲気で決まります。笑いが大きいことはもちろん、展開のアイデアがその場でどんどん浮かんできたものは、迷わずシリーズ化されます。

北海道にある小さな島から始まって、タイタニック号の引き揚げ、ハワイのキラウエア火山の火口付近での観測、エベレストを一メートル高くする仕事など、毎回、次に飛ばされる場所を考えるのは、とても楽しい作業でした。

写真提供：フジテレビ

このコントは、毎回過酷な任務を命じられた小須田部長が、かなりかわいそうに映るのですが、実は、毎回飛ばされる理由がちゃんとあって、宴会で社長のものまねをしたり、決算書の隅に社長の似顔絵を描いたりと、ちょっとした茶目っ気から、それなりのことをやらかしてしまっているわけです。そこが、この部長の人間味あふれるところで、多くの人々から愛された理由だと思います。

毎回、コントの終わりで次の赴任先が判明すると、「♪頑張れ～負けんな～力の限り生きてやれ～」と泣きながら歌うのが決まりでしたが、これは、初回で内村光良がその場で歌い出したアドリブです。後に彼は、小須田部長のあまりの憐れさに、コント収録中に初めて自分で演じながら涙が出そうになったと語っていました。

このキャラは、初期にヒットした代表的なもので、そのおかげで、番組の知名度は格段に上がりました。反響が大きくなったところで、「小須田部長の帰還報告」と銘打ったファンへの感謝イベントをやったところ、雨の平日にもかかわらず五千人余りの人が集まり、小須田部長の「ただいま帰ってまいりました」という挨拶で、ものすごい大歓声が巻き起こったのを覚えています。作っている我々は、とっくに飽きてしまっていましたが、反響が依然大きかったためになかなか終わらせることができず、第二部、第三部と物語の背景を膨らませ、なんとか延命していきました。人気が出すぎたキャラは、時に、終わるタイミングを失うというのも、よくあることなのです。

「関東土下座組」

『笑う犬』シリーズ

モデルは安い土下座を乱用していた大学時代の同級生

このキャラクターには、実は、実在のモデルがいます。もちろん、見た目は違いますが、大学時代の同級生で、とにかく何でも困ったら土下座をする男がいました。自分が迷惑をかけるようなことをしたら相手のところに行って土下座、好みの女の子を見かけたら目の前に立ちふさがって土下座。最終手段として使うならまだしも、かなり初めの段階からすぐに土下座をしてしまうため、安い感じになっていました。ナンパにおいては、ほとんど効果がなかったようです。本人はいたって真面目な気持ちから誠意を見せようと頭を下げているつもりなのでしょうが、あまりの乱発に、「土下座すりゃ、だいたい大丈夫なんだよ」という目論見が感じ取られ、好感が持てませんでした。そんな彼は、当時周りから「関東土下座組」と呼ばれていたのです。この彼のことがずっと心に残っていて、いつかネタにしてやろうと思っていたので、『笑う犬』で思い切って台本にしてみました。

やり場のない怒りを抑えられない人物が、銀行強盗などの事件を起こしてしまい、そこに、毎回どこからか颯爽と現れては見事な土下座を披露し、土下座の力で無事解決するというキャラクターに仕立てました。そのあまりにも見事な土下座を見た犯人が、「いい土下座でしたよ」と心打たれて改心するというのが肝の部分です。羽織袴姿で背中に大きな「土」の一文字、額には長年の土下座でできた大きなアザがあるというビジュアル部分も見えていて、自分なりにいいキャラクターに仕上げることができたと、わりと自信ありげに提出しました。

ところが予想外に、周りの反応はいいとは言えませんでした。このままボツかと思っていたところに、ただ一人だけ、面白いと言ってくれたのが光良君でした。珍しく面と向かって「笑っちゃった」と言ってくれたのです。

演じる人が面白いと思っているのなら、やってみる価値はあります。周りの反応が悪かったことで、僕は自信を持って書いておきながら少し不安を感じていましたが、さすがに演じる本人が見えていたというだけあって、本番では、土下座組組長のキャラが炸裂してスタジオ中に爆笑が起こりました。また一つ、新しいキャラクターが誕生した瞬間です。

このキャラも人気シリーズとなり、毎回、登場の仕方や、土下座しながら回転するなどの工夫を加えながらしばらく続けることができました。「あの土下座がまた見たい」という、特に中高年サラリーマン世代からの支持が多く寄せられました。誰かの強い思いで物事はいい方向に進んでいくものです。

その頃以来、モデルとなった彼とは会っていません。今もまだ土下座してるかな、N君。

「トシとサチ」 『笑う犬』シリーズ
予算がないならないなりに。ネタはその辺に転がっている

コント番組には、世界観をリアルに表現するためにそれなりのコストをかけたセットが必要です。しかし、クイズやトークバラエティと違って、コントの数だけ新しいセットを作り、

終わったら壊してしまうので費用はかさむばかりです。するとある日、予算がないという事態が起こってしまいます。

そんな時のことでした。「新しいコントを作らなければならないがセットが建てられない、自動販売機と電柱くらいならなんとか用意できる、それで何か作って」というお達しが、否応なしに上から下りてきました。

もしこれが、アメリカのテレビ業界であれば「冗談じゃない、契約と違う！」となるところでしょうが、ここ日本では、「わかりました、お金がなければアイデアでなんとかしましょう」となるわけです。

写真提供：フジテレビ

そんな経緯でできたのが「トシとサチ」というコントです。「自動販売機と電柱」というお題をもらい、あれこれと考えを巡らせていると、ふと、数日前に見かけた光景が頭をよぎりました。

仕事帰りの遅い時間に品川付近のコンビニに立ち寄った時のことです。店の前に、若い男女がしゃがんでジュースを飲んでいました。男は作業着を着ていて、女はジャージ姿のラフな格好、バイクの二人乗りが似合いそうな茶髪の二人でした。まさに、「トシとサチ」そのものでした。店内に入るため二人のそばを横切る時に、なんとなく二人の会話が耳に入ってきました。それが、驚くほどに意味のない、どうでもいい会話でした。しかし、話している二人は、とても楽しそうだったのです。

その時のことを打ち合わせの場で話したところ、妙に盛り上がり、その二人のキャラクターで作ってみようということになりました。僕と演出の小松氏やほかの作家も交え、その男女になりきって、いかにもしゃべりそうなどうでもいい会話を、口調をまねて言い合っていきました。こんな方法でコントを作り上げていったのは初めてのことです。

二人がしゃがんでいる場所は、東京の幹線道路の一つである第一京浜沿いの梅屋敷という街に設定し、自販機の前で毎晩ただしゃがんで車の往来を見ているトシ（ネプチューン堀内健）とサチ（遠山景織子）は、品川に行くことに憧れていて、赤い車を三回見たら不幸になる、などの迷信を信じていて、最後は、「腹減ったな、パン食いに行くか」と言って立ち去っていきます。話している内容は決して頭がいいとは言えず、でもとても幸せそうな二人の姿が、微笑ましいキャラクターになっていきました。

本当に、ネタはその辺に転がっているものなんです。

「てるとたいぞう」
『笑う犬』シリーズ
当初スタッフの反応はいまイチ。でもやりたかった男の心理描写

これは『笑う犬の生活』放送第一回の一本目のコントでした。

たとえば、一切気を使うことなく一緒にいられる友達というのが、誰でも一人くらいはいると思います。僕にもいます。彼女もいない時期、毎日のようにそういう存在の男友達と一緒にいると、たまに、ふと「こいつが女だったら絶対付き合うのになあ」と、考えることがありました。皆さんも、そう思ったことはないでしょうか？　そんな想いを、なんとかコントで表現したかったのです。

常に一緒に行動する関係ということで、設定を刑事にしてみました。犯人逮捕に向けて真剣に捜査を続けている最中、ふと、先輩刑事の「てる」が後輩の「たいぞう」を見て、「こいつが彼女だったらなあ」という想いにふけってしまう、毎日行動を共にしているうちに、どんどん想いが募っていく、そんなコントにしようと台本を書いてみました。

ところが、周りの反応はいまイチで、気持ちはなんとなくわかるけど伝わりづらいという意見が大半でした。上のプロデューサー陣からは、「昔からよくあるコントじゃないか」とい

う厳しい意見も返ってきました。それだったら、いっそ、わかりやすく男同士の恋愛のコントにしちゃえばと言われましたが、僕としては、ベタで典型的なものではなく、微妙な心理状態の変化を描いたものをやりたかったので珍しく譲りませんでした。というわけで、結局初回には、二パターンの「てるとたいぞう」が放送されたのです。

幸いにも、放送後の反響がよかったので、すぐにシリーズ化され、最終話では、てるが、ついに自分の気持ちを打ち明けようとした矢先に、たいぞうが撃たれ殉職するという形で終わりました。しかし、そこまで物語として予想外に盛り上がりを見せていたので、第二章という形で、たいぞうにそっくりな男が出てくるという強引な設定で続けることになりました。その後も、色気漂う「たいしろう」、ダンディな雰囲気の「たいのしん」、港町の漁師「たいきち」と、顔はそっくりだが、いろんなタイプの男たちが次々に現れ、そのたびに、てるは心奪われ翻弄されていくという壮大なドラマになりました。

このシリーズでは、今までに見たいろんな映画のパロディを入れ込み、大規模なロケを敢行した回もありました。僕は、どこかＮＨＫの「朝ドラ」のつもりで書いていました。

写真提供：フジテレビ

第一章の最終話で、撃たれて倒れたたいぞうを、てるが抱き起こして、こんなセリフを言います。

「しっかりしろたいぞう！　なあ教えてくれ！　これは、ドラマなのかコントなのか、どっちなんだー！」

まさに、作っている我々の声を代弁したセリフでした。もちろん、アドリブですけど。

「セクスィー部長」
停滞した深夜の会議でひねり出した「セクスィー」
『サラリーマンNEO』

『サラリーマンNEO』が、シーズン2を迎えようとしていた頃、実は、なかなか新しいコントがうまく行かず苦戦していました。会議がすっかり停滞した深夜、半ば開き直って、少し前から頭の中にあったアイデアを提案してみました。

「色気だけでトラブルを解決する部長っていうのはどうですか？」

演出の吉田氏もヤケ気味だったのか、つい笑ってしまい、「やってみましょう」と、あっさり採用となったのです。

写真提供 NHK

この時から少し遡（さかのぼ）って二〇〇六年の正月、全国高校サッカーをぼんやりと見ていた時のこと。滋賀県の野洲（やす）高校が活躍した年で、このチームは、「セクシーフットボール」というスローガンを掲げていました。あまり高校生ではやらないトリッキーなプレイが多く、観客を楽しませるというスタイルでした。高校生のくせに「セクシー」とは何事だと思った反面、すごく興味を惹かれました。しかも、このチームは、奇抜なだけではなく、その年、全国制覇を成し遂げたのです。この時、僕の頭の中にインプットされた「セクシー」という言葉が、あの停滞していた深夜に、ふと浮かび上がってきたのです。

仕事上のトラブルや人間関係のしがらみを、体からほとばしる色気だけで突破するキャラクター、そういうコントをやってみよう、とはなったものの、決まっていたのはまだその切り口だけで、実際に台本にしようという段階ではかなり苦労しました。頭を悩ませた結果、その人のそばを通るだけで女性たちが次々と腰から崩れ落ちていく、「セクシー」よりもっと強力な「セクスィー」という言い方にこだわることにしました。しかし、イメージを広げられたのはそれくらいで、具体的なものはなかなか決まらず、一応台本は書き上げたものの、これがほんとに面白いのかどうか半信半疑で、作家の無責任さから、後は演出の吉田氏の現場での判断に委ねました。

しかし、収録当日、上下とも体にピッタリとフィットした純白の衣装に身を包んだ、当時〝エロ男爵〟の異名があった沢村一樹さんの出来上がりを見て、形が見えた気がしました。

このコントが放送された翌日、おそらく、お叱りのメールが山ほど届くだろうと思って覚悟していました。いくらコント番組といってもそこはNHK、さすがにふざけすぎたと思っていました。しかし、予想は大きく外れ、それまでにない数の「面白い！」という意見が寄せられたのです。しかも信じられないことに、その大半が、女性からの熱狂的なものでした。

「女学」
『祝女　～shukujo～』

小学校の時の〝あの授業〟の雰囲気を妄想

『祝女』というコント番組の中で、キャラクターものと言えるかどうかわかりませんが、いくつかシリーズもののコントを書きました。女性を主役にしたコントの中で自分が一番気に入っているのが、「女学」というコントです。

松たか子さん主演の映画『告白』を見て、その映像美に魅了され、これは何かに使えそうだとピンと来ました。と言っても、その発想だけで具体的なものは何もありません。映画を見た方はわかると思いますが、ただ中島哲也監督が描いたあの世界観を使って何かできないかと思ったのです。

演出の西川氏と、教室を舞台に、女性が主役で、どんな話が作れるかを考えていき、やがて、小学校高学年の頃、誰もが体験した話になりました。ある日、女子だけが別の教室に集められ、男子は外でドッジボールに興じていたあの時間。あの感じを出せたら、面白そうだということになりました。

写真提供 NHK

先生役は、YOUさんでした。まず、メガネをかけ一見真面目そうな先生が教室に入ってきて、「男子は、外で遊んできなさい」と告げ、男子は何も知らずバカみたいに喜んで出ていきます。そこから、教室の雰囲気が一変します。先生がメガネを外し、シャツのボタンを一つ外して、「それでは、これより『女学』の授業を始めます」と宣言。女子児童たちもノートを広げて前のめりな姿勢になります。将来、女として幸せを摑むために、男という生き物をどう扱っていけばいいかを、小学生のうちから学んでおきましょうという授業が始まります。

第一回のテーマは、「男の言う『いい女』とは、『都合のいい女』のことである」でした。先生は、「尽くす女」「料理のうまい女」「男からの連絡をひたすら待つ女」、それはすべて「都合のいい女」だと教えます。すると、児童から「自分が都合のいい女かどうかを知る方法はありますか？」という質問が出ます。すかさず先生は、「友達に私を紹介してって言ってみれば、その時の男の対応でだいたいわかる」と答え、児童たちが一斉にペンを走らせます。

今思い返してもかなり恐い授業です。この間、男子は外で本気でドッジボールをやっているのです。

このシリーズでは、ほかにも「男の褒め方」や「結婚は自分から動かないとできない」など毎回授業のテーマを考えるのが大変でしたが、イメージ通りのコントが作れたと思います。

「まっすぐ彦介」

『ＬＩＦＥ！　～人生に捧げるコント～』

ふと思い浮かんだ映画『フォレスト・ガンプ』の一シーンから

これは、現在放送中のＮＨＫ『ＬＩＦＥ！』の中で生み出したキャラクターです。

好きな映画の一つに、トム・ハンクス主演の『フォレスト・ガンプ／一期一会』というのがあります。この映画の中で、僕が一番印象深かったのが、主人公のガンプが船乗りになって、母が病に倒れたという知らせを船の上で知ると、次の瞬間には海に飛び込んで母親の元へ向かうというシーンです。その俊敏すぎる動きに笑ってしまったこのシーンが、妙に頭に残っていました。

『LIFE!』の新キャラクターとして、〝極端にせっかちな人〟を考えていた時、ふとこの映画のそのシーンを思い出したのです。さすがに海に飛び込むのはスタジオでやるには物理的に無理があるので、同じくらいのインパクトがある「壁を突き破る」というのに変えて、一刻も早く相手のところに行きたいという思いが強すぎて、壁を突き破ってくる人という設定にしました。

「昨日ランチの時に借りた三〇〇円を返すために、くつろいでいる部長の自宅に」、あるいは「友人が結婚したと知って祝辞を言うために新婚旅行先のホテルに」など、毎回派手に壁を突き破って登場します。

このコントはシリーズとしてわりと長く続いているのですが、その一因は、なんといってもレギュラー出演者の石橋杏奈さんの存在です。「彦介」の妹役を女優の彼女にやってもらいたかったのですが、兄そっくりの繋がり眉毛のメイクをしなければなりません。嫌がるかもしれないなと懸念していたのですが、彼女は嫌がるどころか滑稽なメイクを楽しんで、感情がなくて覚えづらいセリフを完璧に覚え、「彦美」というキャラを見事に仕上げてきたのです。まさにプロフェッショナルの仕事でした。内村光良が壁を突き破るのは幾度となく見たことがありますが、清純派の女優さんが壁を突き破ってくる様は、文字通りかなりの破壊力がありました。

毎度このコントの終わりは、兄妹で同時に壁を突き破って外に出て、二人で同じポーズを取りながら帰っていくというのがお決まりになっています。この部分は、本番直前になるとセットの隅に行き、二人だけの打ち合わせが始まります。

写真提供 NHK

二〇年以上前、それと同じような場面を見た記憶がありました。それは、「やるならやらねば」の時、マモーとミモーが本番直前にやっていたのと、まったく同じ光景だったのです。

「この世のだいたいのことはオッサンが作っている」

オッサンとオッサンの繋がりの愛おしさを作品に

『ＬＩＦＥ！〜人生に捧げるコント〜』

自分がどっぷりとオッサンの世代に突入したからか、あることに気づきました。ファンを熱狂させるアイドルグループ、世界中で愛されるアニメ作品、ゲームに登場する可愛いキャラクター、女子向けファッションのデザインなど、人々を夢中にさせるものたちを作っているのは、だいたい〝オッサン〟じゃないかと。もちろん、才能のある若者や女性が作り出しているものもありますが、圧倒的にオッサン率が高いように感じます。幸いと言いましょうか、『ＬＩＦＥ！』には、オッサンの出演者が多くいます。オッサンばかりと言ってもいいかもしれません。だったら、そういうオッサンの話をやるしかないな、と考えました。

まだ全国的な知名度はないが、固定ファンは獲得しているという架空のアイドルグループ「放課後おとめ組」、これをプロデュースしているオッサン三人組を描いたコントで、「この世のだいたいのことはオッサンが作っている」、これをそのままタイトルにしました。

総合的な戦略を考える「えのっち」、楽曲を担当する「柴やん」、ビジュアル面を担当する「倉ちゃん」、これを内村、ココリコ田中、ドランクドラゴン塚地という芸人界でも名うてのコントの達人が演じてくれます。この三人がこう呼び合うだけですでに気持ち悪い感じが出て、面白くなる予感がします。

毎回、新曲の歌詞の内容で、一六歳の女の子の気持ちが本当にわかっているのかと、オッサン同士が熱くなったりする姿が見どころです。この場合はあくまでも架空のグループですが、いかにリアルさを追求するかが面白さに繋がっていくので、そこには、かなり神経を使います。「放課後おとめ組」というグループ名、そして彼女たちが歌う曲のタイトルに、『2両目のキセキ』『サンキュー女子力』『オラオラおとめ組』など、いかにもありそうなもの、これを考えるのは、難しいと同時になんとも楽しい作業です。

もう一つ気づいたことがあります。現実の世界では、アイドルグループのファンの中にはオッサンの姿もかなりの確率で見かけます。つまり、オッサンが作っているものが、オッサンの心に刺さっているのです。いわば、一〇代の女の子たちの歌を介して、オッサンとオッサンが繋がっているということです。愛おしさを感じずにはいられません。

もうおわかりだと思いますが、『ＬＩＦＥ！』という番組も、僕を筆頭に〝オッサン〟が作っています。子どもたちや女性が喜んでくれそうなキャラを、オッサンが痛む腰をさすりながら日夜頑張って考えています。

「ロング歌舞伎ダイエット　夏木京介」

「おいしいネタをありがとう」とお礼を言いたくなった

『ＬＩＦＥ！　～人生に捧げるコント～』

「ロングブレスダイエット」というのをご存じでしょうか？　一時話題になったダイエット法で、これがテレビで紹介された時、画面に釘付けになりました。ネタになりそうな匂いがプンプンしていたのです。「三秒吸って七秒吐く」という決めゼリフと、提唱者の本業が俳優というその背景、コントのキャラとしては、すでに出来上がっているかのようで、ここまでできていると、逆にお礼を言いたくなります。

さすがにこのままやるのは気が引けます。これは、当初から内村光良が演じる想定だったので、彼が得意なものの一つ、歌舞伎の動きを取り入れることにしました。得意といっても基本の心得があるわけでもなく、過去に何度かコントで演じたことがあるというだけです。

設定は、歌舞伎界を破門になった〝元歌舞伎役者〟で、普段は威勢がいいくせに、歌舞伎界を破門になった理由を聞かれると、途端に口ごもってしまうなど、ディテールを決めて怪しさをグッと増していきました。全貌を決定づけたのは、「三秒吸って五秒かぶく」というフレーズを思いついたことです。「かぶく」という言葉の意味は今もよくわかっていませんが、このキャラが、「かぶく」という言葉さえ使えば、どんな場面でも無限に対応できると思ったのです。これは長年の勘としか言えません。

ただ一点、どうしても『笑う犬』でやっていた「大嵐浩太郎」（太秦（うずまさ）にその名をとどろかせる大物時代劇俳優という設定のキャラクター）にかぶる可能性があったので、そこは気をつけています。

出来上がってみると、歌舞伎の動きを取り入れた「ロング歌舞伎ダイエット」の提唱者である元歌舞伎役者・夏木京介が、習いに来た生徒に、このダイエット法を伝授していくというベタベタなスタイルのコントになりました。

わかりやすいフォーマットゆえ、どんなゲストが来ても一定の笑いが計算できるので、便利なゲスト対応コントという位置づけになりました。『ＬＩＦＥ！』と紅白歌合戦とのコラボ番組の時も、紅白の司会を務める綾瀬はるかさんや、歌手として出場したももいろクローバーＺが、夏木京介の授業の餌食になりました。

二〇一五年、内村光良がＭＣを務める番組に、本家の提唱者がゲストに来て、ご本人にこのコントを見せたらしいのです。少し心配していましたが、ご本人も笑ってご覧になってくれたと聞き、ホッとしました。

ご本人のお墨付きをもらえたということで、これからもどんどん、「かぶく」つもりです。

「セクスィー部長」をひねり出した瞬間

NHKエンタープライズ
エグゼクティブプロデューサー
吉田照幸

　内村さんについては「手を抜かない」ということが、一番印象にある方です。手を抜かないということは、ひねり出すということを、日々、やっていらっしゃるんじゃないか、と思うんですよね。

『サラリーマンNEO』がシーズン2に突入する時、ある役者さんから「台本がよくない」と言われて。その日の会議で、なんとかしなきゃならないと伝えると、内村さんが「さっきふと思いついたんですけど、セクスィー部長ってどうですかね?」と。「内容は?」と聞くと、「さっき思いついただけなので内容はないんですが、セクシーな部長が悪い女を倒すだけのコントです」と。「セクスィー部長」がその後の「NEO」を支えてくれた。あれがなかったらたぶん続かなかったと思うんです。

　一番困った時にふっとそういうアイデアが出るのは、本当にひねり出したんだと思います。普通は、困ったから考えて考えて考えて、なんとかみんなで話し合って、というのがひねり出すイメージなのでしょうが、内村さんは日々、面白いことを考えているというか、日常でふと思いついたことを頭の中にメモしているというか。だから、シーンとなった会議室で突然「セクスィー部長」と言い始めた時が、本当にひねり出した瞬間なのだと思います。

　その、日々、考えている内容がとってもバカバカしいことっていうのが、内村さんの魅力ですね。

〈談〉

第四章

土壇場でひねり出す力

たぶん役立つ15のヒント

1 アイデアは、ひねり出す

たまに、関わっている番組について取材を受けることがあります。そんな時に、必ずと言っていいほど聞かれるのが、**「コントを作る時、どうやってアイデアを思いつくんですか？」**という質問です。毎回のように飽きるほど聞かれるのですが、そういう質問をしたくなる気持ちは十分に理解できるので、ていねいに答えるようにはしています。

しかし、飽きるほど聞かれておきながら、実はこの質問に関しては、まだ一度もうまい答えが見つかっていません。**正直に答えるならば、「自分でもわからない」**ということです。でも、それでは質問をしてきた人に申し訳ないので一生懸命考えますが、出てきた答えは「そうですねえ、もう長年やっているので、そういう頭になっているのだと思います」という程度。我ながら面白くもなんともない答えで、質問した人のガッカリした顔を何度か垣間見てしまったことがあります。でも、本当にそうなんだから仕方ありません。

それと同じくらい聞かれるのが、**「アイデアが出てこなかったことはないんですか？」「スランプに陥ったことはないんですか？」**という質問です。これも「答えに窮する質問ベスト3」に入ります。この質問にも真摯に答えるようにしているのですが、決まって答えるのは、

「正直に言って、アイデアが出なかったことはありません。スランプに陥ったことは一度もありません」ということ。かなり鼻持ちならない奴だと思われるでしょうが、これも本当のことなのです。

と言っても、「アイデアが次々に浮かんできて止まらないぜ」ということでは決してないということは、声を大にして言っておきます。残念ながらそんな瞬間は今までに一度もありません。

「アイデアが出なかったことが一度もない」

これは、言い換えれば**アイデアが出ないなんてことが許されない**ということなのです。僕のような放送作家は、基本的にフリーで仕事をしています。となると、当然、何の保障もなく、仕事ができなければ代わりになってくれる人はほかにたくさんいるわけです。もし仮に、「すみません、今日はアイデアが出なかったので何も書けませんでした」というのは、小説家の大先生なら許されるでしょうが、バラエティ番組をコツコツとやっている一介の放送作家には、そんな暴挙はとてもとても許されません。できなかったら代わりがいくらでもいるので、ほかの人に仕事が回っていくだけ。

つまり、**アイデアが出ないという発想自体がなく、たとえ何があろうと出さなければならないもの**であり、「ちょっと、ここんとこスランプだ」などと悠長なことを言っている暇はないのです。

とはいえ、どうしてもアイデアが出ない時はどうするのか？　そういう場合は、**考えて考えて考えて、そして「ひねり出す」**のです。よく、ミュージシャンが「メロディが突然降りてきた」と言っているのを聞きます。僕らの仕事でも「アイデアが降りてきた」というようなことをしたり顔で言う人がたまにいます。僕も似たようなことを体験したことがあって、そういうもんだと思っていた時期もありました。しかし、長くやってきて、ようやくわかってきました。

アイデアは、決して降りてきたりはしません。ひねり出すものです。

「降りてきた！」というのはあくまでも錯覚で、ちゃんと自分の頭を使ってひねり出しているのです。

そしてこの**「ひねり出す」という行為は、その気になれば誰にでもできることです！**　焦らずあきらめずに向き合えば、なんとかなります、たぶん。

2 クリエイティブな仕事に必要なもの

放送作家にとって、台本を書くという作業は孤独極まりないものですが、もう一つの仕事である構成会議というのは、同じ会議室に数人が集まり意見を交換し合う場です。

そこには、毎週決まった時間に同じ顔ぶれが集まります。今後の放送内容について話し合いが行われますが、もちろん会議なので、意見が一致しない場合も多々あります。**意見がまったく違った場合は、自分の意見を相手に伝え、お互いの意見のどこが違うのかを明確にし、それを修正しながら、ゴールに向かって進めていきます。**そのやり方は、どんな仕事であろうと、ほぼ同じでしょう。しかし、その作業をする上でとても大切なことがあります。それは、**いかに相手を思いやれるか**、です。

仮に、相手と真っ向から意見が対立したとしても、相手の意見を頭ごなしに否定したり、ただ自分の意見を押し通したりするようなまねは、いかがなものでしょうか？　たとえ意見が食い違ったとしても、相手の意見によく耳を傾け、ていねいな言葉遣いで目指すゴールへ向かうべきです。こんなことをわざわざ言う必要はまったくないのですが、そういう基本的なことができない大人というのが、おそろしいほどたくさんいるのは事実です。

かつて僕も、そういった類いの人たちに遭遇してきました。まだこの仕事を始めたばかりの駆け出しの頃、ある番組の企画会議で、作家が一人ずつ企画を出していき、それを検討していくという場でのこと。その会議室のほぼ真ん中に座っていた一人のベテランの作家は、タレントでもないのにいつもサングラスをかけており、「この企画の新しさはどこなの？」「面白さがぼやけてるんだよな」などと、**若手が提案する企画にいちいち文句を付け、揚げ足を取って否定をしていく**というのを繰り返していました。

また、ある人気深夜番組を手がけていたディレクターは、若手作家をつかまえては「今一番面白いと思うのは誰だ？」という質問を、目が合うとしてくる人でした。僕もこの洗礼を受け、素直にその時面白いと思っていた芸人さんの名前を出すと、「そんなもんは誰でも知ってるんだよ！」と、言い捨てました。おそらく、日頃どれだけ新しいものに目を付けているかを試す質問だったのでしょうが、「じゃあ、あなたは誰だと思いますか？」と同じ質問を返しても、まともに答えず話をうまくすり替えていってしまう、人を虚ろな気分にさせる人でした。この二人は、その後、この業界では姿を見かけなくなりました。これは自然な流れだと思います。

前述したように、番組作りは人と人との共同作業、**コミュニケーションがスムーズに行かないといい仕事にはなりません**。礼を欠いたり、相手の意見に耳を傾けなかったり、思いやる心を持たなかったりするような人とは、また一緒に仕事をしようとは思えないのです。その人がどんなに才能があろうと、です。テレビ業界で三〇年近く働いてきて、消えゆく人たちを見ながら、このことは痛いほどよくわかりました。

クリエイティブと言われている仕事でも、必要なのは才能ばかりとは言えません。才能を持ったその人の、人としての品格というところもかなり重要になってくると思っています。

まとめると、

クリエイティブな仕事に本当に必要なものは、ほんの少しの「才能」と、後は「人柄」です。

3　やる気が出る魔法の言葉

人にやる気を出させる方法は、大きく分けて二つあります。それは、「叱って奮起させる」方法と、「褒めて伸ばす」方法。その人のタイプによって、**怒られたり罵倒されたりすると、「何くそ！　今に見てろ」と言って獅子奮迅の働きをする人**もいれば、それとは逆に、**褒めて**

褒めて褒めまくると、思いもしなかった実力を発揮するタイプの人がいるようです。

僕の場合は、明らかに後者です。少しでも怒られると、体が一気に縮こまってしまい、「僕には才能がないんだ」と、暗い部屋の隅で膝を抱えることになります。しかし、**逆にほんの少しでも褒められると、これはもう、おだてられた豚同様、高い木もなんのそのの勢いで登っていき、実力以上のもの、自分でも想像もしなかったようなことを成し遂げてしまう**こともあります。

「面白いコントを書く」というのが、僕がやるべき仕事のほとんどなわけですが、そこにはもちろん正解というものがありません。なので、いつもいつも不安です。書き上げたものは、まず、番組であればディレクターに見せます。自分では面白いと思って書いたつもりですが、目の前で無表情でじっと読まれている時は、今でも吐きそうなほど不安でいっぱいです。

しかし、読み終えて一拍間を置き、ゆっくり顔を上げて、

「うん、面白いんじゃないですか」

このひと言で飛び上がりそうになるのです！　たとえ相手が、お年寄りだろうと子どもだろうと、親しい人でも初めて会った人でも、たったひと言「面白い」と言われるだけで、漠然と抱えていた不安がウソのようにすべて吹き飛んでしまうのです。普段、そんなに僕の仕事に興味のないうちの奥さんに、たまに「あれ、面白かった」なんて言われると、この人と

結婚してよかったと心から思うのです。

すべてがうまく行くなんてことはまずありません。時には、激しく失敗することがあります。大方の人に受け入れられてないなと肌で感じる時があります。それでも、たった一人の人に「あれ、面白かったです」と言われると、それだけで、それまでの苦労がすべてチャラになり、報われた気分になるのです。まさに魔法の言葉です。

ほかにも、「あそこは笑いました」「あれ、僕は好きです」「あの部分、ツボでした」「くだらねー！」などなど、大好物の言葉は挙げたらキリがありません。**たった一人のたったひと言で、すべてが報われ、元気を取り戻すことができます。そうなると、もっと、その言葉を聞きたくなり、また頑張ってみようと思うのです。**

人をダメにする言葉もあれば、勇気づける言葉もあります。もし、僕に何かをやらせてみようと思っている方は、褒めて褒めて褒めまくってみてください。そうすれば、きっと実力以上のいい仕事をすると思います。

仕事とはちょっと関係ないかもしれませんが、これまで言われた中で、一番心地よかった言葉があります。

「内村さんて、なんか雰囲気ありますよね」

この言葉には、かなり心を揺さぶられました。言われたそばから頬が緩んでいくのがわかりました。ストレートな表現ではないが、なんだかジワジワと効いてきて、後々まで残るような感じです。これもまた魔法の言葉です。

女性の皆さん、男をやる気にさせたい時にぜひ言ってみてください。

「なんか雰囲気ありますよね」

こう言われてイヤな気持ちになる男は、まずいないでしょう。

4 二番手で力を発揮する

人は時々、自分探しの旅に出たりして、とかく自分のことはわかりにくいものです。しかし、僕の場合、五〇年以上生きてきた中で一つだけはっきりわかったことがあります。それは、**自分にはリーダー的資質はない**ということです。これは、結構早い段階で気づきました。

小学生の頃、クラスでは学期ごとに学級委員長というのを決めていました。高学年のある新しい学期になり、委員長を決める時のことです。いつもそういう時は、立候補する人はまずいなくて他薦となるわけですが、なぜかその時は、その場の悪ノリというか、いたずら半分な気持ちに全員が流されて、僕が委員長に決まってしまいました。

その頃の委員長の仕事と言えば、授業が始まる時の号令と、週に一回行われる学級会の司会進行という大役がありました。元来、引っ込み思案な性格で、人の前に立って何かをやるということに苦手意識を持っており、学級会をまとめるというとてつもない大仕事に、気の重さを感じていました。そもそも、小学生の学級会なんて、自分が言いたいことを言いたい時に勝手に言い合うだけで、話し合いなんてものじゃありません。それをまとめるなんて土台無理な話。案の定、なんとか取り仕切ろうとした学級会は、ほぼ崩壊、その時間がつらくて苦しくてどうしようもありませんでした。そしてそんなことが二、三度続いた時、心の糸が切れてしまい、終わった直後に担任の先生に「学級委員長を辞退させてください」と直訴しました。

この時の印象があまりにも強烈で、自分にはリーダーとしてみんなを引っ張っていくという能力はないんだと、はっきりと悟りました。**グループの中で、二番手か三番手あたりで、ほんのちょっとだけ目立つという位置が心地いい**と感じるようになりました。たとえば、自分が属している集団が、敵対する集団と対峙した時、リーダーの背中に隠れて、「そうだ、そうだ！」と調子よく同調するような、そういうポジションが僕には一番合っている気がします。以来、どこにいても、気がつくとそのポジションを目指すようになっていました。

その時から約二〇年後、放送作家という職業に就きました。一見、大変な仕事だと思われるかもしれませんが、番組を作る上では、最終的にすべてをまとめて仕上げるのは、ディレクターの仕事。**放送作家というのは、番組を面白くするためにいろいろアイデアを出すわけですが、それはものすごく理想的なことしか言っていなくて、**事細かく台本を書いて形にはしますが、ほとんどが机上の空論。**実際に、撮影現場で台本に書かれた世界を具体化し、人を動かして番組という形にしていくのはディレクターと出演者の仕事なんです。**

そこが一番困難な作業なわけでして、その時、放送作家にできることはというと、声を出して笑いながら、うまくいくように見守ることくらいという、とても無責任なポジションなのです。しかしながら、これが僕にとっては、ものすごく性に合っています。この部分では、まさに天職と言えると思います。

何度か舞台では「演出」というのにトライしてみましたが、まるで違う役割です。すべての部署の人が、演出家に細かいところを「どうしましょう?」と聞いてきて、それに全部答えていかなければいけないのです。荷の重さしか感じませんでした。

それに比べて放送作家は楽な位置にいます。僕としては、ディレクターが迷っていたり、悩んだりしている時に、優しく悩みを聞いた上で自信を持たせる言葉を投げかけ、時には厳しい言葉で叱って、さりげなくサポートする役割だと捉えています。

これはまったくの持論ですが、

「放送作家とは、ディレクターにとって都合のいい愛人」

だと思っています。

5 仕事の成果が目に見える楽しさ

放送作家という仕事をやっていて、モチベーションが上がることの一つに、自分が関わった仕事の反響が目に見えてわかるというのがあります。**テレビ番組であれば、視聴率という数字として反映されますし、お笑いのライブや舞台は、お客さんの前で生で披露し、結果が即座に「笑い声」という形になってダイレクトに返ってくるので、かなり明確化されます。**

ウケた時は、この上ない幸せに包まれます。

しかし、そうではない時も当たり前のようにあります。視聴率が極端に悪かった時の会議は、何をしゃべっても暗い雰囲気を打ち消すことはできませんし、ましてや舞台でいわゆるハズした時は、血の気が引いていくのがはっきりとわかります。お客さんが一人も笑わない時、それはもう想像を絶するほど客席が静まり返り、空調の音だけがむなしく響き渡ります。

即座に返ってくる反響に一喜一憂し、視聴率が下がっている部分があれば改善点を試行錯誤し、また次の反響をうかがいます。それがまた次の仕事へ向かう原動力となるのです。

反響という点では、やはり地上波のテレビの影響力は計り知れないものがあります。

番組が好調だとまず視聴率に表れ、するといろんなメディアで取り上げられ始め、ヒット番組と言われるようになります。その反響の大きさは、やはり舞台やネットの比ではありません。これまで、運良くそんな番組に関わることができ、反響を肌で感じた瞬間が何度かありました。

放送作家としての仕事が順調に行き始めた頃、テレビ東京でウッチャンナンチャン主演の『ウッチャンナンチャンのコンビニエンス物語』（一九九〇年、テレビ東京系列）というドラマの脚本を書きました。そのドラマが放送された翌日、電車に乗っていると、すぐそばの大学生が昨日見たそのドラマの話をしているではありませんか。僕は、そっと気づかれないように、徐々にその大学生たちの方に移動していき、聞き耳を立てました。彼らは、口々に「面白かったよなあ」と、とても楽しそうにドラマの内容を語っていました。聞いていてうれしくてたまらなくなって、「それ書いたの、僕なんだよ！」と、彼らの前に名乗り出て思い切りハグをしたかった。その衝動を必死に抑え込んで、一人ニヤついていました。

フジテレビで『ウッチャンナンチャンのやるならやらねば！』という番組をやっていた頃のこと、コンビニのレジの前にかなりの列ができている場に遭遇しました。あまりにも店員の手際が悪く、列に並んでいる人たちは明らかに苛立っていました。すると、僕の前に並んでいた二人の女子高生が、当時、内村光良が演じていたキャラ「満腹ふとる」の仕草のまねをして、その場で地団駄を踏む動きを始めたのです。番組がヒットするという現象を、まさに体感した瞬間でした。

今では、街中で耳をそばだてなくても、ネットというものがあります。自分が関わる番組が放送されている時には、ついついツイッターをはじめとしたネットの反響を気にせずにはいられません。

もちろん、いい反響ばかりとは限りませんが、

仕事の成果が形として目に見えると、次もまた頑張ろうと思えます。

6 失敗したら「一人反省会」をしてすぐにリベンジ

三〇年近い放送作家のキャリアの中で、もちろん、すべての仕事が成功したわけではありません。**お笑いという分野での失敗は非常にシビアで、「スベる」という誰の目にも疑いようのない現象が起こり、とてもわかりやすく失敗します。**そんな時は、ひどく落ち込み、暗い部屋で一人、和紙で作った風車に息を吹きかけます（あくまでもイメージですが）。

フジテレビの深夜番組『オールナイトフジ』の企画で試しにコントを書いてみろと言われたことがありました。何のためらいもなくすぐに数本のコントを書いて提出すると、後日連絡があり、多少の台本直しのことかと思っていたのですが、その時のディレクターからの言葉は、今も忘れることはできません。無我夢中で書いた僕の台本は、**「いまイチでもいまニでもなく、いまサンだ」**ということでした。

それまでの人生で、運動も勉強も突出しているとは言えないもののそこそこなし、かなり甘えた環境で育ってきていたので、こんなに屈辱的な言葉を浴びせられたのは、初めてだったような気がします。初めて味わう感情にしばらく戸惑い、うまく整理がつかないほどでした。自分は、放送作家などには到底なれやしないんだとひどく落ち込みました。まだ、これが仕事になったらいいなぁくらいに思っていた頃で、いきなりプロの洗礼を受けてしまったのです。

元来、褒められてこそ伸びるタイプなので、自分が精いっぱいやったことをすべて否定されたショックはかなり大きかったです。

しかし、そこは**なんとしても守らなきゃという気持ちが自然に湧き上がり、やる気を奮い立たせ、二日後には気合いを入れて新たに書いたコントを再度提出**し、どうにか数本だけ採用されたのでした。

『笑いの殿堂』という番組をやっていた時にも同じようなことがありました。前述したように、この時、初めて作家として番組に参加して、生まれて初めて書いたコントが認められていたので、作家陣の中でもわりと筆頭的な存在でした。番組は、深夜に特番の形で第一弾、第二弾と制作され、順調に新作のコントを生み出し、作家としてかなりやれていると自分でも感じるくらいになっていました。番組も順調だったので、そんなに間を空けることなく、すぐに第三弾が制作されることになりました。

しかし、ここで異変が起こりました。前二作で持っているもののほとんどをすでに出し尽くしてしまったのか、**突如としていいアイデアが浮かんでこなくなったのです**。今もこの時のことはなんと説明すればいいのかわかりません。しかし、そんな最悪の状態でも何かを書いて提出しなければなりません。とりあえず、頭に浮かんだものを字に起こして提出してみました。けれども、やはり予想通りの結果で、ほとんど採用されることはありませんでした。

実は、この番組で、もう一人、作家デビューを果たした人がいました。今や、「めちゃイケ」や『ミュージックステーション』などを手がける売れっ子放送作家となった、伊藤正宏君がその人です。『笑いの殿堂』に関しては、僕と伊藤君がメインライターを務めていたわけですが、この第三弾はほとんどが、伊藤君が書いたコントでした。この番組の中では、周りからもなんとなくライバル的な関係性で見られていたので、この時は、**完全な敗北感を味わうことになったのです。**

放送作家としてデビューして、ノウハウもないまま書いたコントがすぐにどんどん採用され、早くもテレビ業界の中で活躍している自分に酔っているようなところがあったのだと思います。それまでフワフワと生きてきた自分の中に、そんな感情があるとは気づきませんでした。**ただ悔しくて仕方ありませんでした。**

しかし番組は好調で、すぐにまた第四弾の制作が決定しました。**僕はこの時、人生で初めてリベンジに燃えるという感情を抱いていました。**何が何でも、それまで積み上げてきた信用と自信を取り返してやろうと躍起になっていました。その半年間は、そのことしか考えられませんでした。考えて考えて考え抜きました。

そして、半年後、第四弾が放送され、頑張った甲斐あってなんとか信用を取り戻すことができました。その時、この仕事の難しさと厳しさを改めて感じ、同時に、**コントを書くことでは誰にも負けられない、という強い思いを内に秘めるようになりました。**

この二つの出来事は、どちらも、ちょっと波に乗っていい気になっている時に起こったことです。人生とは本当によくできているものです。

調子に乗っていると、ちゃんと足をすくわれます。

7　若気の至りは大切にしよう

僕がこの仕事を始めたのは、二〇代後半です。それまでまともに働いたこともなく社会の厳しさを味わったこともないまま放送作家になってしまいましたが、最初からわりとスムーズに仕事がありました。後に社会の厳しい洗礼を受けることもまだ知らない若僧の仕事への取り組み方は、ひどいものでした。仕事を始めた当初から生活していけるだけの収入があり、仕事量は増えていく一方で、世の中をなめていました。**自分は天才なんじゃないかと、完全**

に勘違いしていた時期も正直ありました。

自分には二〇代の若さがあるということを最大の武器にして、感性だけで勝負しているんだという残念極まりない考えに満ちあふれていました。当時の自分にもし会ったら、重いげんこつを五発はお見舞いして、三時間くらいは説教してやりたい気分です。

一つの番組には、同年代の作家もいれば、僕より一〇歳以上年上の先輩作家と一緒になることもありました。**その頃のイケイケ二〇代は、ベテラン勢が出すアイデアや最近の流行について話す内容を、表にこそ出さないものの「全然面白くない」と思っていました。**こういうのは、若い頃に誰でも経験があるはずです。彼らのアイデアはどこか古くさいと決めつけ、「見た目は若々しいのに感性はやはり三〇代だな」などと、心の中でバカにしていました。

実際に、自分たち二〇代の若手が出すアイデアは、客観的に見ても粗削りだけど斬新なものだったし、ある番組では先輩作家が書いた台本を、その先輩が帰った後でディレクターから、表現がちょっと古くさいから書き直してほしいと頼まれたこともありました。たまにそんなことが起きていたので、余計に、自分の発想こそが新しいんだと思い込んでいたのです。

もちろん、今となってわかることですが、それは完全なる勘違いです。

なのですが、一〇〇%間違っているのかというと、そうでもない気がします。

若い時は、あまり深く考えず、ある程度勘違いするくらいの自信が必要ではないかと思い

ます。自分より年上の奴らは全員古くさいと決めつけ、発想が時代とずれているとバカにする、自分が今の時代を牽引していっているんだというような、そういった**若者の勘違いには、何よりパワーがあります。その果てしないエネルギーは、とんでもないものを生み出す可能性を秘めています。**

だから、若い時は、己の力を過信し、精いっぱい勘違いすべき時も必要だと思います。

ただし、

数年後、そのしっぺ返しが、そのまま見事に来ます。

8
経験がなくてもなんとかなる！

「サラリーマンに特化したコント番組」というのが、『サラリーマンNEO』の企画コンセプトでした。

この番組をやっていた頃、**「経験がないのに、どうしてサラリーマンのコントが書けるのか？」**という質問をよく受けました。僕自身も、この話が来た時、正直自分にできるのか大いに戸惑いました。どうやって作っていけばいいのだろうとあれこれ模索してみましたが、**結局、普段やっているようにまずアイデアを出して、それをオフィスに置き換えるしかないという考えにたどり着きました。**

僕が、それまで書いてきたコントは、日常的な風景を題材にすることが多く、人間関係のわずかなズレの中で生じる勘違いとか、見栄や嫉妬などをネタにすることがほとんどでした。会社という場所は、仕事そのものよりも、「根回し」「調整」といった人間関係の煩(わずら)わしさに時間を取られ、神経を使うことが多い場所だと感じていたので、この置き換えはわりとスムーズに行うことができました。

たとえば、学生時代、男ばかり数人で旅行に行くことになった時、そのうちの一人が驚くべきことに彼女を連れてきたということがありました。むげに断ることもできず、結局一緒に行ったのですが、道中ずっと気まずくて仕方ありませんでした。

この思い出がずっと心に残っていたので、これを会社に置き換えて、大阪出張に能天気な部下が自分の彼女を連れてきて、新幹線の三人席に彼女を真ん中にして、上司と横並びに座って大阪へ向かうというコントにしました。

それから、学校で三者面談というのがありましたが、これが会社であったらどうだろうと考え、部下の査定をするため、部長が部下とその妻を前に三者面談を行うというコントも書きました。最近部下が仕事に身が入ってないので家庭で何かあったんじゃないかと奥さんに尋ねると、奥さんは、実はセックスレスだということを部長の前で告白し始めるという展開にして、かなり面白く広がっていきました。

そんな感じで、これまでとあまり変わらないスタイルで、サラリーマンコントを作っていくことができました。そもそも、一緒に仕事をしているテレビ局の社員というのも立派なサラリーマンなので、彼らと接していると、日頃、組織の中で働く大変さをヒシヒシと感じられました。そういうところから、猥雑（わいざつ）な人間関係や、上司の立ち居振る舞い、仕事のできる人とできない人の違いなどをイヤでも観察できたので、それをコント作りにフルに活用させてもらいました。

基本的な構造はそれでなんとかなりましたが、セリフを書く上では、取引相手とのリアルな会話や社内でよく使う専門用語などが必要になってきます。これはさすがに経験のなさが仇（あだ）になり、かなり苦労しました。

たとえば、今住んでいるマンションでは、住民総会なるものが年に一回あって、修繕費の話し合いなどが行われるのですが、当然、ほかの住人の多くは会社勤めの人たちです。そこでは、「あいみつ（相見積）」とか「バックストップ」「リスクヘッジ」など、僕が知らない言葉が平気で飛び交い、その場で一応わかっている振りをしているのが精いっぱいでヒヤヒヤしました。こういう時、**自分は社会から逸脱した人生を送っているということを痛感させられます。**

また、サラリーマンのコントを書く上では、必然として会社のトラブルなどの場面も多く出てきます。そこに関してもまったく実情が摑めていないため、自分がどうにかイメージできる会社での三大トラブル、「一．見積書の桁が一桁間違っていた」「二．納期を勘違いしていた」「三．プレゼンの当日に担当者の具合が悪くなった」、だいたいこの三つをローテーションで使っていました。

興味のある方は、『サラリーマンNEO』をDVDで見直してみてください。見事にこの三つのトラブルしか出てきません。

でも、僕はこの番組をやって学びました。経験がなくともなんとかなるものだと。

やり方がわからなければ、自分が持っているものに置き換えればいい

という技術を一つ習得しました。

9 「うまい」というイメージを植えつける

放送作家をやり始めてわかったことは、その存在が無数だということです。一つの番組に、ゴールデンタイムになると一〇人以上、深夜番組でも二、三人の作家が関わります。そして、バラエティだけではなく、報道番組にも、ワイドショーにも、ドキュメンタリーにも、スポーツ中継番組にも、子ども番組にもちゃんと放送作家がいます。**番組の数だけ作家がいるのです。**

やり始めた時は、そんな実情はまったく知らず、テレビ業界の内情が一通りわかってくると、改めて、放送作家という肩書きを持つ人の多さに驚愕しました。資格も階級もないので、延べ人数など詳しいことは一切わかりませんが、とにかく、この輪郭のはっきりしない集団の中で自分の席を確保し続けていかなければならないのです。

ことの重大さというか、とんでもない世界に入ってしまったと気づいたのは、始めて三年くらい経った頃でしょうか。もし、それを最初からわかっていたら、やらなかったかもしれません。

放送作家は、基本的にどんな番組にも対応できなければなりません。バラエティ番組においては、ロケの企画や構成を考えたり、おいしい料理を賭けた対決企画を考えたり、スタジオでやるゲームやクイズを編み出したり、ナレーションも書けて、コントも書けなければなりません。たとえできなくても、**依頼があった場合は、即座に「できます」と言うのが当たり前です。**

しかし、いくら作家向きの才能があったとしても、人間そんなに何でもできるものではありません。放送作家の中にも、それぞれ得意不得意な分野があり、微妙に分化されています。クイズの問題だけを考えるクイズ作家という肩書きの人もいます。ドキュメンタリーのナレーションが抜群にうまい人もいます。なんとなく、「あいつは、こういうのをやらせたらうまいな」という人のところに仕事は来ます。**大切なのは「こういうのをやらせたらうまい」というイメージを植えつけることです。**

僕の場合は言わずもがな、それがコントです。たまたま始めた頃から、コント番組ばかりに関わってきたのでそうなりましたが、コント番組が起ち上がる時、ありがたいことに出番が回ってくるわけです。それは「あいつはコントが書ける」というイメージを長い年月をかけて植えつけてきたおかげです。ただ困ったことに、このジャンルは、驚くほどニーズがありません。

フリーランスという大海原を沈まずに進んでいくには、自分だけの特徴的な船を持つこと

だと思っています。

僕が好きな映画の一つに『ライトスタッフ』という映画があります。ソ連に対抗してアメリカの宇宙有人飛行計画が始まり、各軍の戦闘機パイロットの中から宇宙飛行士候補が招集されます。やがて、彼らは宇宙飛行士として成功し帰還すると、次々と国民的ヒーローになっていきます。かいつまんで言うと、そんな話ですが、その中の一人にまったく宇宙には興味を示さず、日々音速の壁に挑むテストパイロットがいるのです。サム・シェパードが演じていたイェーガーというこの男に、僕はなぜか強く惹きつけられました。映画の後半に、ヒーローとなった宇宙飛行士が記者会見で、「今まで一番優秀なパイロットは？」と質問される場面があります。すると、並みいる宇宙飛行士ではなく、自分の道を貫き通すそのイェーガーの名を挙げるのです。それを見た瞬間、僕は「よし、この人みたいになろう」と声に出していました。

何が言いたいかというと、**星の数ほどいる放送作家の中で、僕は、コントというジャンルにおいては、誰にも引けを取らず、ひたすら極みを目指そう、そういう作家になろうと思ったのです。**映画とはスケールの差がすごくありますが、そこが自分に一番合うポジションだと思ったのです。

自分がやっていることがうまくいかないと、あれこれ悩んで、それまでやってなかったことにチャレンジしようと手を伸ばしてしまうことがあります。知り合いの芸人さんでも、なかなか売れなくて、いろんなキャラを試してみるけれど、やはりどれもうまくいかなくて悩み続けている人を多く見ます。

それも大事なことではありますが、**どうにもうまくいかない時は、新たなことに挑むよりも、自分が持っているものを磨いた方がいいのではないでしょうか。**長年やってきて、それを感じます。

僕は、これからもコントの道を邁進していくつもりです。

そして、願わくは、

「あいつは、優秀な作家だ」と言われたいのです。

それだけで十分です。

後は、オシャレで、品があって、包容力が十分で、ほどほどの色気も兼ね備えてて、後輩思いで、妻を大切にし、少年の心を失わず、世界の平和を願い、「ご本人も面白い方なんですね」「ええー、五〇代に見えなーい!」と言われたいです。

10
突き抜けた個性がすごい作品を生み出す

放送作家にとっては、直接仕事をすることが一番多いのはディレクターです。ディレクターは、番組の構成を考え、演出を施し、最終的に方向性を決定づける全権を握っています。ディレクターの仕事ぶりによって、その番組の品位も自ずと決まってきます。**エネルギーに満ちあふれた魅力を持ったディレクターが、番組を牽引していくのです。**

これまでいろんなタイプのディレクターと仕事をしてきましたが、強烈に印象に残っている個性的なディレクターがいます。

一人は、『笑う犬』シリーズの総合演出をやっていたフジテレビの小松純也氏。

彼とは、『ダウンタウンのごっつええ感じ』でまだＡＤだった頃からの付き合いで、『笑う犬』時代には、ガップリ四つに組んで仕事をしました。

小松ディレクターは、夢中になると周りが一切見えなくなるタイプの人です。

『笑う犬』の中で「久保惣吉」というシリーズもののコントがありました。惣吉の娘が、親に紹介するために連れてくる男が毎度一風変わっているという設定で、何を聞いても「僕がですか？」と聞き返してくる男や、寿司を出したらネタの部分しか食わずシャリには全然手をつけない男などが登場してくるのですが、ある回で、考えごとを始めるとティッシュペーパーを何枚も抜き取り始める男、というのをやることになりました。

その収録当日、スタジオの隅に建てられた薄暗いコントセットの中で、出演者でもない誰かが台本を片手に練習をしている姿が見えました。それが、演出をするはずの小松氏でした。よく見ると、セットの中で主人公になりきり、ティッシュを一枚ずつ抜き取りながら、セリフをブツブツと口にしているではありませんか。周りからジロジロ見られていることにも一切気づかずに、その「一人リハ」は集中力高く続いていました。すると、とうとう新品のティッシュを一箱分抜き取ってしまったのです。横に目を移すと、抜き取ったティッシュの山ができていました。その光景を見た全員が心の中でこう突っ込みました。「お前が出るのかよ！」。しかし、彼はそんな周りの目も一切気にせず、二箱目のティッシュを抜き取り始めたのでした。

そしてもう一人。『キューティーハニー』という有名なアニメシリーズのＤＶＤ一話分の脚本を担当した時のことです。

その時に出会ったアニメを専門に撮っている監督は、初対面の最初の打ち合わせから衝撃的で、見た目で判断するのはよくありませんが、見るからに強烈なアニメファンでした。その影響で、打ち合わせはかなり難航しました。

あるシーンで、僕が書いた重要な場面でのキューティーハニーのセリフがどうも気になったらしく、ずっと頭を抱えて悩んでいたかと思うと、おもむろに目を開け、「あの子（ハニー）は、こういうこと言いますかねえ」とおっしゃいました。僕は、心の中で「知らねえよ！」と突っ込みましたが、監督は、また目を閉じると、体を斜めにしたまま動かなくなってしまいました。

そのまま五分くらいが過ぎた頃、彼は、黙って立ち上がると部屋を出ていってしまいました。どうしたらいいものかと僕はあたふたとするしかなく、同席していたプロデューサーの女性と二人でとりあえず監督の帰りをしばらく待ってみることにしました。しかし、結局、彼はその日、部屋には戻ってきませんでした。

こういった**個性あふれる人たちと仕事をすると、それはとても大変ですが、その分、いろんなものを学ぶことができます。**

この二人とのことを思い出すと、一九九七年頃にアップル・コンピュータ（現アップル）が掲げた「Think Different」キャンペーンでの**「自分が世界を変えられると本気で信じる人たちこそが、本当に世界を変えているのだから」**というキャッチコピーがよみがえってきます。

僕は、信じています。この人たちのような

周りが見えないくらい自分の世界にのめり込んでしまう人のパワーが、とんでもないものを生み出す

……はずなのです。

11 寝なくても平気だと思えた日々

テレビ番組を作るのは当然楽しいことですが、お笑いのライブという仕事もまた違った魅力があり、やりがいのある仕事です。

特に、若手の頃にやっていたライブは、ネタを作るのはもちろん、舞台セット、照明、音楽、演出と、そのほとんどのことを自分たちの手でやらなければなりません。作業的にはとても大変なのですが、手作り感がなんとも魅力的で、何より、テレビと違って制約も少なく、自分たちが好きなものを好きなようにやることができて、終わった後の充足感もテレビとはまったく違うものがあります。

ウッチャンナンチャンも、ようやく名前が知られるようになった頃に何度か単独ライブをやりました。僕も作家として参加したわけですが、すでに忙しくなってきていた二人は、テレビの仕事が終わった後、夜中の時間しか稽古ができませんでした。それでも、まだ若くて体力もあったからでしょう、睡眠時間がほとんどない状態でも、連日新ネタを作り続けていくことができました。本番の前日になっても全部のネタが出来上がってないということもありましたが、それでも、そんなに焦っているということもなく、**なんとかなるだろうと楽観的に考えていて、寝る時間を削ってやるしかないと思うのが当然のことでした。**

全部のネタが出来上がった頃には、外が明るくなっていて、ライブ本番当日の集合時間まであと二時間しかないという状況でも、まあ仕方ないかという感じでした。そのまま一度家に帰ってシャワーを浴びて、ライブの準備をして会場に向かって、最終的なリハーサルをこなし、本番を迎えるという、そんな無謀なことをやったのは、この頃一度や二度ではありません。さすがに、体力的にはキツかったけど、自分たちのライブをコツコツと作っていく作業は、楽しくて仕方ありませんでした。

単独ライブだけではなく、『笑いの殿堂』で共演した女性コンビ、ピンクの電話との合同ライブも二回ほどやりました。この時も、ほんとに部活の延長のような雰囲気で、毎日稽古場で顔を合わせ、雑談をしながらいろいろとアイデアを出しては、すぐに立ち上がって動きを付けてみるという、手作り感満載で笑いの絶えない中で稽古は進んでいきました。

この合同ライブは、今も特に印象に残っていて、劇中に使ったザ・ブルーハーツというバンドの曲を初めて聞いて衝撃を受けたのもこの時ですが、最も記憶に残っている場面があります。

それは、本番当日、劇場に入って最終的なリハーサルをやっていた時、僕はなぜか、音声チェックを兼ねてマイクを両手に持ったまま、客席の一番前でリハーサルを見ていました。するとく、ウッチャンナンチャンもピンクの電話の二人も、本番が近づきテンションが上がってきたのか、誰の得にもならないのに、目の前にいる僕にサービスするようにアドリブをバンバンやり出し、それが僕もたまらなく面白くてツボに入り、涙を流しながらお腹が引きつるほど笑った記憶があります。

文章で書いても何のことだかさっぱり伝わらなくて申し訳ないですが、とにかく、人生であんなに大笑いをしたのは初めてのことでした。仕事の中でそんな瞬間を味わえるという喜び、**「この時間が永遠に続けばいいのに」**と心底思った瞬間でした。

この時の出来事はあまりにもインパクトが強く、それ以来、僕は、

一日一回大笑いすることを、唯一の健康法

としています。

これは、医学的にも案外正しいことなのではないでしょうか。

12 ウケることを全身で感じた体験が糧(かて)になる

二〇〇七年のことです。故郷・熊本県人吉市にある我が母校、人吉西小学校が創立の節目の年にあたり、卒業生の僕にぜひ母校で講演をしてほしいという依頼がありました。なぜ、僕なのかという戸惑いもありましたが、故郷の後輩たちのためになるのであればと引き受けることにしました。

当日、何十年ぶりかの母校へと向かうと、校長先生をはじめ、教育委員会の偉い人たちなどに仰々しく出迎えられ、しばし名刺攻撃を受けました。

会場となった体育館では、一年生から六年生までの全校児童約四〇〇名、横には先生方、後ろにはPTA関係者や保護者たちが、期待の目で待ち受けていました。緊迫した雰囲気の中、僕はマイクの前に立ち、語り始めました。

講演のテーマは、「放送作家の仕事について」だったので、まずは、放送作家の仕事を細かな笑いを交えながら話し始めたのですが、のっけから怒濤（どとう）の如くスべり倒しました。子どもたち相手だとなめてかかっていたのがいけなかったのだと思います。

なんとか挽回しなければと、ここで、この日のためにしたためてきたものを披露しました。

実は、コントとはどういうものかを僕なりにわかりやすく説明するために、「桃太郎」を題材にしたパロディ「コント風桃太郎」というのを準備していたのです。これをゆっくりと読み上げていきました。

すると、どうでしょう。驚くべき現象が起こったのです！　最初のギャグで、児童たちが一斉に笑い声を上げたのです！　気をよくして続けると、狙ったところでほぼ間違いなく爆笑!!　大人向けに作った部分も、先生や保護者に大ウケ。**これがウケるということかと、全身で幸せを感じていました。**

と、かなりハードルを上げてしまいましたが、どんな内容だったのか、原文のまま、ここに公開します。

＊注　ただし、あくまでも小学生に向けたもので、さらに二〇〇七年当時の時事ネタが入っていますので、それを踏まえて読んでください。

『コント風桃太郎』　作　内村宏幸

むかしむかし、あるところに、子どものいないおじいさんとおばあさんが住んでいました。ある日、おばあさんは川で洗濯をしていました。洗濯をしている途中、突然、おばあさんは、「あれ、出かける時玄関の鍵はかけてきたかな」と、心配になってきました。

するとそこへ、大きな桃がどんぶらこどんぶらこと流れてきましたが、おばあさんは鍵のことが心配でそれどころではなく、桃には気づかず、桃は、そのまま流れていってしまいました。

ところが、そこから少し下流の場所で、おばあさんには山に柴刈りに行くと言っていたのに、ほんとはパチンコ屋に行っていたおじいさんが、たまたま通りかかり、流れている桃を発見。無事に家に持ち帰りました。

桃を割ると中から元気な男の子が生まれてきました。二人は大喜び。

おばあさんは、早速、「この男の子に桃にちなんだ名前を付けましょうよ、おじいさん」と言いました。

おじいさんは「ようしわかった、じゃ、桃子にしよう、いや桃恵がいいかな」

おばあさんは、ちょっと不思議に思って「おじいさん、この子は、男の子ですよ」

「あ、そうじゃったな、じゃあ、桃山というのはどうだ？」

「おじいさん、それじゃ、苗字みたいじゃないですか」

おじいさんはちょっとムキになってきて、「ああ、わかった！　じゃあ、和彦でどうだ」

もはや、桃という字さえ入っていません。

おじいさんには任せておけないと思ったおばあさんは「桃太郎」と名付けて、その男の子を大事に育てました。

そうしてすくすく育った桃太郎は、鬼ヶ島の鬼が人々を苦しめていることを知り、鬼退治に出発することになりました。

そして、途中で出会った、イヌ、サル、キジに、家来になってくれと頼みました。

しかし、イヌは、「火曜と木曜は塾があるので」と言いました。サルは、「借りたDVDを今日中に返さなきゃいけないので」、そしてキジは、「一二時までに帰らないと魔法が解けてしまいます」と、ほかのおはなしのようなことを言って、誰もやる気がありません。

仕方なく、桃太郎が、きびだんごをあげるから頼むよと言うと、

「きびだんごじゃなくて赤福餅がいいな」

と、サルが言いました。

「いや、赤福餅は今ちょっと事情があって手に入らないんだ」

「じゃ、白い恋人」「それも無理だな」

「じゃ、比内鶏」「それもちょっと……」

「船場吉兆の……」「ああ、それも……」

「ねえ、どうして、手に入らないの？　どれもおいしいのに」

困った桃太郎は「その理由は、帰ってからお父さんとお母さんに聞きなさい」と言ってその場を逃れました。結局、ニンテンドーＤＳの桃太郎電鉄のソフトをあげることでなんとか家来にすることができました。

早速一行は鬼ヶ島に向かいました。島に着くと、桃太郎は勇気を持って鬼の大将にこう言いました。「奪った財宝を返してくれ」。すると意外にも、鬼の大将は「ああ、すみませんでしたね、どうぞ、持って帰ってください」と、あっさりと言いました。

しかし、それを聞いていた鬼の奥さんが、真っ赤な顔で飛んできて、「あんた！　何言ってんのよ！　勝手に返すなんてあんたが決めんじゃないわよ！」と、ものすごい剣幕で怒りました。鬼の奥さんは、やはり「鬼嫁」でした。それを見ていた桃太郎一行は、「どこの家庭も一緒だね」としみじみと頷きました。
鬼の夫婦がもめている隙に、桃太郎たちは、財宝を取り返して無事に帰り、その後、幸せに暮らしましたとさ。

いかがでしょうか?
賛否両論あると思いますが、小学生には間違いなく鉄板のネタです。全校児童を爆笑させたこの出来事は今でも忘れられません。**あの日の、体育館が揺れんばかりの大爆笑がよみがえってきます。**
僕は、この時感じました。

大人を笑わせるより、子どもを笑わせる方がカッコいい。

これは、自分なりの名言にします。

13 憧れの人に認められる喜び

二〇〇八年には、**コメディの脚本を書くという仕事をしている上で、お手本としている方と対面する時がやってきました。**その人は、年齢は一つだけ上とはいえ、はるか雲の上の存在で、これまで手がけてきた舞台や映画は全部見て勉強していました。

好評を得た『サラリーマンＮＥＯ』は、シーズン３を放送する頃になるとありがたいことに、多くの方に知れ渡ることとなり、名のある方たちからの「出たい」という声も聞くようになりました。

そしてその中に、**憧れの存在であるその人、三谷幸喜さんの名前もありました。**どうやら『サラリーマンＮＥＯ』に興味を持っているというウワサが流れてきて、早速こちらから正式にオファーしたところ、そんなに時間を空けることなく、ゲストとして出演してもらえることになったのです。

収録スタジオに来るということは、ご本人と対面できるかもしれない。それが現実味を帯びてきて、浮き足立たずにはいられませんでした。

ちょうど三谷さんの映画が公開される時期だったのですが、ＮＨＫなので大っぴらに宣伝はできません。それならば、三谷さんは元々、出役（でやく）もやられていたことだし、『サラリーマンNEO』のレギュラー出演者の中に知り合いが多かったこともあり、「三谷幸喜スペシャル」と銘打って、何本かコントに出演してもらうことになったのです。そして、その台本は、もちろん僕が書くことになりました。僕とディレクターの吉田氏で、どんなコントにするか、いろいろとアイデアを練り、三本のコントを書き上げました。

一本は、生瀬勝久さんが久しぶりに再会した友人と飲んだ帰りに酔って自宅に連れて帰ってくると、すでに寝ていた奥さんがものすごい不機嫌な顔で起きてきたので、機嫌を取るためにかつて披露宴で披露した獅子舞をやってみせるという三谷さんのキャラに合ったコント。二本目は、三谷さんぽくない真逆のキャラクターで、社長の幼なじみの弁護士がテンション高く重役会議ではしゃぐというコント。そして、三本目は映画の宣伝ができないということ自体をネタにして、結果宣伝になっているというトーク番組のパロディコント。

この三本に出てもらうことになりました。

そして迎えた収録当日、コントの役の衣装に着替えた三谷さんがついにスタジオに現れ、早速コントの収録が始まりました。僕は、いわゆる〝業界人〟ではありますが、性格上、「やあ、どうもどうも」などと言ってなれなれしく懐に入ることはできない質（たち）です。きっと三谷さんもそういうタイプの人間が一番嫌いなはずだと思っていました。だから、ただじっと遠巻きに見つめるしか術はありませんでした。

　スタジオでは、ゲストを迎えていつも以上に和やかに進行していき、何度かのリハーサルから本番と、淡々と滞りなく進んでいきました。しかし、僕は途中から急に不安になってきました。

「あれ？　もしかしたら、このままじゃ挨拶するタイミングがないのでは⁉」

　予想外の展開です。慌てた僕は、隙を見てディレクターをつかまえ、終わったら紹介してくれるように念を押しておきました。

　やがて、収録が無事に終わり、すべてのコントを撮り終えた三谷さんがスタジオから出てきました。そのタイミングで、ディレクターとのアイコンタクトで、サササッとそばに近づきました。ついにご本人と対面する時が来たのです！

「意外にデカい」というのが向かい合った時の印象でした。一通りの挨拶を済ませると、もうこんな機会はこの先ないかもしれないと思い、どうしても僕という存在を知ってもらいたかったので、名刺と一緒に少し前に出版していた『サラリーマンＮＥＯ』で書いたコントをまとめたコント集を思い切って差し出しました。

　すると、三谷さんの口から信じがたい言葉が返ってきました。

「これ、もう持っています。勉強になりました」と。

一瞬、何が起こったのかよくわかりませんでした。僕は、大きな幸福感に包まれていました。これでしばらくはイヤなことが続いても平気だ、そんな気分でした。

人生、何が起こるか本当にわからないものです。

しかし、この話は、これで終わりではありません。

しばらくして、三谷さんが長く連載を持っている朝日新聞の夕刊コラムに、なんとこの時のことを書いてくれていたのです。ウワサを聞きつけ、僕は、すぐにコンビニに走り、普段めったに買わない新聞を入手しました。記念として取っておく分、田舎の両親や親戚に送る分にと、残っていた五部ほど買い占めました。

紙面には、三谷さんの文章に、和田誠さんが描いた僕の似顔絵が添えられていました。文面に目を通すとさらに驚きました。コントの収録が楽しかったこと、そして、三谷さんが若い時に思い描いていたのが、今の僕のような仕事の仕方だと書かれていたのです。

これ以上の幸せはありません。コントの道をずっと歩んできてよかったなと、心から思いました。そして、この時、僕は、**一生コメディに携わっていこうと固く決意しました。**

この紙面は、今も我が家の家宝として大切に保存しています。この時の記事は、連載がまとめられた本（『三谷幸喜のありふれた生活8　復活の日』、二〇〇九年、朝日新聞出版刊）の中にも収められています。興味のある方は、ウソかどうか確認してみてください。

この日から、僕は、勝手に自分のことを

「三谷幸喜に認められた男」

と、言うことにしました。
あくまでも「自称」ですが。

14 根拠のない自信で「絶対できる」と思い込む

コントを書く、つまり人を笑わせるものを作る、というのは冷静に考えると、とんでもなく大それたことだと思うのです。なんだかとても偉そうに思えてくる時もありますが、その作業はとても孤独感に満ちています。

会議では、何人かでワイワイ言いながら作っているので、とても盛り上がって、もう全部出来上がった気分になって、「じゃあ、今出たものをうまくまとめてください」みたいな言葉で締められて、後は託されます。ところが、家に持ち帰っていざ台本の形に仕上げようとする時に気づくのです。

「あれ、何も決まってないじゃないか」と。

そこからは、己との孤独な戦いが始まります。パソコンの前に座り、冒頭から細かく台本にしていくわけですが、これが長い長い旅の始まりなのです。そして、この旅は、いつもの自分のスタイルと違って終着駅が決まっていません。どこに向かうかは、なんとなく方角くらいはわかっているものの、進んでみないと行き着く先は、書く本人にもわかっていません。書いている時のコンディションによっても変わってくるものです。

目的地がわからないまま進むことの不安はなんとも言えなくて、胃のあたりがゾワゾワッとなります。こうなると人間は何かに頼りたくなってきます。**こういう時、頼るものは何かというと、「自信」ということになります。しかも根拠のまったくない自信です。**「俺はできる！」という松岡修造並みの思い込みが必要になってきます。それが、唯一折れそうになる心を助けてくれるのです。しかも、それは中途半端じゃダメで、「絶対になんとかなる！」と心の底から思い込ませることです。

プレッシャーの大きい仕事が来た時は、より強く念じるようになります。誰も正解を知らないので、もう自分が考えたことが正解でしかない。絶対に面白いんだと思い込むしか方法がないのです。

かつて、ＮＨＫ教育テレビ（現Ｅテレ）の『おかあさんといっしょ』のファミリーコンサートの脚本を依頼されたことがありました。てっきり自分が書くものと思って打ち合わせに行ったら、「コンサート全体のテーマのアイデアをまず出してください」と言われました。どうやら人気の仕事らしく、ほかにも何人か候補者がいて、コンペという形になるとのこと。それまで、面白ければ採用になり、そうじゃなかったらボツになるということは、日常的にやっていて慣れてはいましたが、正式なコンペという経験がなかったので一瞬戸惑いました。とはいえ、断る理由もなかったので参加することにしました。

ところが、「コンペ」という言葉からは「ゴルフ」とか「大きな建物の建築」という連想しかできなくて、なじみのないその言葉に思いの外引っ張られました。何より、誰もが知る国民的番組の名前にプレッシャーを感じていたせいもあったのか、締切日が近づいても、なかなかいいアイデアが出ませんでした。なんとなく出てきたものがいくつかありましたが、どれも決め手に欠けるものばかり。

そんな状況の中で迎えた締切当日、その朝のことです。目が覚めた瞬間に突然、「あ、間違い探しだ」と、本当に突然浮かんだのです。そこから、書き上げていた企画書を慌てて修正しました。コンサート全体のテーマを「間違い探し」にして、うたのお兄さんやお姉さんたちが、物語の途中に出てくる間違い探しに挑戦しながら進めていくという内容にしてみました。これなら客席にいる子どもたちも一緒に参加できて一挙両得だと、瞬く間にまとまりました。いわゆる「見えた」というところまで一気に膨らんだわけですが、だからと言ってこれが採用されるのかと言うと、そんな保障はどこにもなく、でも、その時はどういうわけか、「これでイケる！　これは絶対に正しい！」と自分では確信していました。まったく根拠はありません。

すると、その思いが通じたのか、見事にこの案が採用され、二〇〇七年の春に、「マチガイがいっぱい!?」というタイトルで上演されました。

しかし、この時も**突然ひらめいた感じになりましたが、決して天から降りてきたわけではないと思います。ひねり出したのです。**もっと詳しく言うと、締切までの数日間ずっとずっと頭の片隅でこのことを考えていた結果だと思います。**あきらめず考え続けていれば、必ずそのうち出てくるものなんです、不思議と。**

僕の場合、根拠のない自信は、これだけで終わりではありません。まだまだ続きます。

これだと思うアイデアが浮かんだら、今度は、それがウケて多くの人たちに絶賛されている光景を思い浮かべてしまうというクセがあります。完全な妄想です。絶賛され、人々から喝采を浴び、さらにその中で喜びのスピーチをして、それがまたドッとウケている。まだアイデアが固まっていないうちから、そこまで妄想してしまうのです。

もちろん、その妄想が、近い形の現実になったこともありますが、大半はそうでもなくて、「思ってたのと違う」となり、打ちひしがれ、人知れず暗い部屋で和紙で作った風車に息を吹きかけることの方が多いのです。

大事なのは、思い込むことだと思っています。**思いつかないわけがないと自分に言い聞かせます。**

きっとなんとかなると、自己暗示をかければなんとかなります！

15　すべて流れに身を任せてみる

デビューしてから今日まで、三〇年近く放送作家としてどうにかやってきて、そのことをありがたくも評価してくれる人がたまにいます。しかし、それにはいつも違和感を覚えます。

ここに来てこんなことを言い出すのもどうかと思うのですが、今回、この本を書いている中で、これまでの自分と向き合う時間が多くあって改めて感じたことがあります。**自分は、誇れるような大したことはやってきてないと。気持ち悪い謙遜（けんそん）だと思われるかもしれません**

が、それが本音です。

そもそも放送作家という仕事がどういうものかよくわかってないまま始めたので、自分が通ってきた道が幸運な道だとは思っていませんでした。

しかし、振り返ってみれば、気がつくと自分のウィキペディアのページができていて、そこに書かれているこれまで携わってきた番組の数々を眺めてみると、とても恵まれた放送作家生活を歩んでこられたのだと感じています。けれども、ただ、与えられたものをこなしてきたという思いだけで、なんだか全然満足感がないのも事実です。

人間としても、五四歳になりましたが、肉体は確実に歳月を感じているものの、中身は二〇年くらい置いていかれているという感じがします。なんだか大きな着ぐるみを着ているような感覚で、自分の実像はすごく小さなもののような気がしてなりません。

正直な話、今回、この本を出さないかという話をもらった時にも、「なぜ、僕の本を？」という疑問がまず浮かびました。とはいえ、断る理由もないので引き受けたわけですが、ここまで読んだ方は感じていると思います。作家歴約三〇年の奴が書く文章じゃないだろうと。

僕自身も、五〇代の男だったらもっと渋い感じの、たとえば伊集院静さんみたいな本を書けなきゃダメなのではないかと思うのです。興味を持って読んでくれる人がいるのか、書いている現時点では不安で仕方ありません。

無論、立派な仕事術を語るようなことは到底できませんし、ノウハウも特にありません。ただ、僕がこれまでどんな感じで、のらりくらりとやってきたかを記しているだけです。

もし、**どうしてこのテレビ業界で、フリーランスとして長くやってこられたのかと問われれば、運に恵まれていたとしか言いようがありません。正確に言うと、人に恵まれたということです。**

これまで何人もの素晴らしい才能を持った人たちと巡り合うことができました。そういう人たちと一緒に仕事をすることで、自分もいつの間にか引っ張り上げられ、鍛えられて、放送作家としての体力が付いてきたのだと思います。優秀な人たちとの出会いに感謝するばかりです。

とりわけ、ウッチャンナンチャンには頭が上がりません。僕は、宝くじの前後賞に当たったようなものだと思っています。身近に一等を当てた人がいて、たまたまその近くにいたら当たっちゃったんだと思っています。彼らが、いい風を吹かせてくれて、僕はただ、その風に体を預けて流されていっただけのことです。

今までの仕事でも、自分で企画して自ら動いて始めようとしたことは、必ずしもいい結果にはなっていない気がします。**ここまでなんとか続けてこられたのは、「すべて流れに身を任せる」ということに尽きるのではないかと思っています。**

唯一心がけてきたことといえば、**いただいた仕事と真摯に向き合って、ていねいにこなしていく。**

そして、どこかに一カ所でも、相手をニヤッとさせることをやる、ということくらいでしょうか。

今、やってみたいことがたくさんあります。ほかの国のコント番組にも関わってみたいですし、書きためているショートショートをアニメ化したい、作・演出の舞台もまたやってみたいなど、いろいろあります。

でも、だからといって、自分から動き出して、人を集めてやっても、やはりうまくいかない気がします。

では、どうするかというと、

一応周りに言うだけ言って、それに乗ってくれる人が現れるのをじっと待つのみです。

最後の最後まで付き合ってくれる

NHK
ディレクター
西川　毅

面白いことを考えつくにはどうすればいいか。考えつくまで考えればいい。考えつくまで考えなかったら、考えつかない。このことを、僕は内村さんから学びました。

たとえば「台本がない」という状況になった時、「なんとかしましょう」と言ってくれる人なんです。逃げちゃう人、アイデアを出せない人もいますけど、内村さんは最後まで、アイデアが出るまで付き合ってくれるという絶対的な信頼があります。実際、『祝女』で収録日の直前、出演者は押さえているのに台本が足りないということがあって。その時も「二人で考えましょう」と。内村さんとあーだこーだ言いながら作った一本が「女学」というコント。あれは突貫だったけど、すごくうまくいきましたね。

「笑い」は時代の影響を受けるものなので、一時期ウケたものも、いつか古くなっていきますよね。だけど内村さんのコントは古くならないし、新鮮な感じもする。女心にチャレンジしたことも、影響しているのかもしれませんね。

現在は『LIFE!』でご一緒していますが、内村さんさえよければ、これからも共に戦っていきたいですね。作家さんて大御所になると、助言というか雑談だけして帰る人が多いんですが、内村さんは決してそうではない。僕が面白くしたいと思っている限りは、最後の最後まで付き合ってくれる。だから、その内村さんに応えられるものを作らなければならないと、そう思っています。〈談〉

苦手な相手でも「うんうん」と聞いてネタにする

エイベックス・ライヴ・クリエイティヴ
プロデューサー
吉池ゆづる

内村さんには舞台版『祝女』の脚本を、女性作家さん三人と一緒に担当していただきました。打ち合わせには私も参加していましたが、女同士わーっと盛り上がっても、内村さんは黙って聞いてるんですね。たまに「そうなの？　わからないなぁ」とか「男はこう思ってるんだけど」という内村さんの意見があって。それに対して女性陣が、女性の気持ちはこうだと説明していくことで生まれたコントもあります。作家さん四人の中で一人だけ男性という存在が、とてもいいスパイスになっていましたね。

内村さんは女性作家さんたちにも人気があって、私も大好きです。私はわりと人見知りなんですけど、内村さんと話していると心を開きやすくて。会議でもいろんなことを話せるから、そこからネタが生まれたり。人から引き出す力があるんですよね。

傷つけられそうじゃないし、怖そうじゃないし、たぶん誰でも内村さんとだったらすっと会話できるし、心を開けると思うんですよ。だけど、心を開いたはいいけど、内村さん自身が相手に心を開くかどうかは、また別の話で（笑）。得意と苦手がはっきりしている方なんです。こっちが心を開いた瞬間に、内村さんの中の厳しいフィルターを通されているというか。ただ、内村さんはそれすら面白がって、たとえ苦手な相手でも、全部「うんうん」と聞いた上で、それを面白くネタにすることも（笑）。さすがお笑い作家さんだと思いますね。〈談〉

第五章

企画のセンスを磨く力

アイデアは身近なところに転がっている

アイデアが生まれる場所

一番アイデアを思いつくのは、どういうわけかシャワーを浴びている時です。同じお風呂でも浴槽に入っている時はそうでもなく、**背中に熱いシャワーを打ちつけている時に限ってなのです。その辺にアイデアの〝ツボ〟があるのかもしれません。**

しかし、シャワーを浴びている時にアイデアを思いつくとちょっと困ります。普通なら、忘れないようにすぐ何かにメモします。昔は、実際にメモに書いたり、携帯電話のない時代は自分の家に電話をして留守電に録音したりしていました。今は時代も変わって、スマホのメモ機能を使ったり、携帯から自宅のパソコンのアドレスにメールを送ったりしています。

けれども、シャワーを浴びている時は、どうしようもありません。仕方ないのでずぶ濡れのままお風呂を飛び出し、ダッシュでリビングに向かいメモに走り書き、というのを何度かやったことがあります。それを家族に目撃されたこともありました。

しかし、後から確認してみると、何が面白いのか、さっぱりわからず役に立たないことがほとんどです。

仕事は、もっぱら自宅でやりますが、どうしても出先で書かなければならない時もあります。この仕事のいいところは、**パソコンさえ持ち歩いていれば、どこでもできるということです**。近頃は、都内のスタバやオシャレカフェでは、Ａｐｐｌｅのロゴマークをこれ見よがしに見せびらかして何かしらの作業をしている人を多く見かけます。ちょっと眉をひそめたくなる風景ですが、自分もどっぷりとその一員になっています。

場所を選ばないという点はとても便利です。ファミレス、図書館、インターネットカフェ、最近は一人でカラオケボックスを利用することもあります。頑張れば、旅先のホテルでも、帰省中の実家でもできます。

しかし、カフェやファミレスで仕事をすると思わぬものに邪魔されます。「隣のテーブルの会話」という最強の敵です。急ぎの仕事の時に限って聞こえてくるのが、スキャンダラスで濃厚な会話だったりするので困ったものです。

一方で、こういうリアルな会話は、とても勉強になります。生身の人間から発せられた言葉には、どんなに頭をひねって考えたセリフもかないません。それらはしっかりとインプットされていて、いずれ必ず役に立つ時が来ます。

この本も、そんな場所を転々としながら執筆しました。そのせいで、思ったように進まず苦戦しました。さらに不思議なことに、**目の前の仕事に立ち向かおうとする時に限って、なぜかほかの仕事のアイデアが浮かんでくる**、それもよくあることです。

イヤな出来事を昔話風に変えてみる

今年で四期目を迎えた「内村宏幸 放送作家Ｃｌａｓｓ」では、コントの書き方のほかにも、**放送作家に必要な発想のトレーニングになりそうな課題**に取り組んでもらっています。

その一つに、「イヤな出来事を昔話風に変えてみる」というのがあります。これまでの人生で、自分の身に起こった一番イヤだった出来事を、昔話風に書いて、それを自分で発表してもらうというものです。これは、このＣｌａｓｓが始まって四回目くらいの少しなじんできた頃、受講生が初めて自分のアイデアを全員の前で披露する時間になるのですが、たとえば、「昔々、ある田舎町のオフィスに一〇分に一度ダジャレを言う上司がおったそうな……」といった感じ。会社の愚痴や、恋人から受けたひどい仕打ち、コンビニ店員への些細な不満など、その人なりのイヤな出来事があって毎回かなり盛り上がる課題です。

これにはいろんな狙いがあって、まず、**「実際の出来事を昔話風にアレンジする文章力を付ける」**、そして**「自分が書いた作品を、自分で読み上げ、ほかの人にわかるように伝える力を養う」**、さらに、**「イヤなことを昔話風にすることで、そのイヤな記憶を和らげられる」**と、さまざまな効果があります。もう一つ言うと、自分が実際に体験したことを発表してもらうことで、その人の、人となりがわかるという効果もあるのです。

全二〇回の授業の中ではほかにも、「クレームに対する企業の謝罪文」という課題も出しました。架空のクレームに対して、企業がどう謝罪し、どういう対処をしたか、あたかも企業が公式ホームページに掲載するような謝罪文を考えるというものです。

たとえば、桃屋の「江戸むらさき　ごはんですよ！」が「ごはんじゃないじゃないか」という消費者の指摘を受けて、不快にさせてしまったことを詫び、今後は『ごはんですよ！』という名前ですが、ごはんではありません」という注意書きを加えることにしました、という感じです。今の時代、もしかしたらありそうなことばかりで、この課題もかなり盛り上がりました。

それから、「もし、歴史上の人物がラジオ番組を持ったら」という課題も考えてもらいました。ある受講生が考えたのは、赤穂浪士が討ち入り直前にラジオの生放送を始めて、「辞世の句大喜利」などを募集するという番組を発案するなど、面白いアイデアがかなり出ました。

粗削りながらベテランの自分には予想外のアイデアに出会えて、とても新鮮な気持ちになれます。

コント作りのためにしていること

放送作家を始めた頃、経験豊富な上の世代の人から、しょっちゅう言われたことがあります。

「お笑いをやるなら、マルクス兄弟を見ろ、キートンを見ろ」

「マルクス兄弟」をご存じでしょうか？　一九三〇年代頃に活躍したアメリカの有名な三兄弟のコメディアンです。バスター・キートンも同じ時期に活躍した、有名な喜劇俳優です。偉大な先人たちの功績には、学ぶことがたくさんあります。言われた通りに見てみると、確かに、今の時代にも流れるお笑いの基礎がちりばめられていました。

しかし、それを見たからといってお笑いのすべてがわかるわけではありませんし、見たそばから誰でも面白くなるものでもありません。そもそも、そんな大昔のことを言われても、なかなかピンとは来ないでしょう。**自分に近い時代の作品の方が影響力は強い**と思うのです。

僕は普段、コント作りのためというか、放送作家という職業をやる上で、流行っているものには敏感でいようと思っています。と言っても、ちょっと空いた時間に、本屋をのぞいてベストセラーをチェックしたり、車で移動中にラジオを聞いてヒットしている曲を耳にしたり、コンビニに行ったら今、雑誌の表紙になっている人たちの顔を見たり、それくらいのことです。

後は、仕事帰りに映画をよく見に行きますが、**どんなに人が薦めようとも自分が興味を持った作品しか見ないようにしています。**映画史に残る名作と言われるものを結構見逃していてバカにされる時もあります。でも、そういうのを見ていなくても、影響を受けることなく、また新しいものが作り出せるのではないかと信じています。コントを作る上で大切なのは、いかにバカバカしいことを妄想できるか、だと思っています。しかも、日常茶飯事的に。

僕はどちらかというとインドア派の人間で、休日は一日中ソファの上で過ごすことが多いのですが、どうしても出かけなくてはいけない時、このソファにエンジンが付いていたらそのまま出かけられるのに、と考えたりします。あるいは、ニュースで「狂言強盗」という言葉を聞いたことがあると思いますが、あの言葉を聞くたびに、どうしても、伝統芸能の狂言に出てくる太郎冠者が、あの格好で銀行に押し入ってくる様を想像してしまうのです。

そんなことは決してありえないのに、あったら面白いのにということを、常に考えてしまうのです。性格がひねくれているからかもしれませんが、**目に映った風景から、いかにくだらない妄想ができるか、それは、とても重要な気がします。**

ドラマのワンシーンの続きを考えてみる

長年コントを書いてきて、自分なりに編み出した技というのがあります。

職業柄、普段からテレビをよく見ていますが、自分が携わっている番組以外では、どちらかというと、バラエティ番組よりもドラマをよく見ています。三カ月周期で新しい連続ドラマが始まると、とりあえず可能な限り全部見るようにしています。

もちろん、好きだから見るというのが第一にありますが、**ドラマの中にこそコントのネタがたくさん詰まっている**ことに気づいたのです。

たとえば、ドラマを見ていて、部屋でテーブルを挟んで向かい合った男女が別れ話を始めるシーンがあるとします。次第に口論になって、ケンカはさらにエスカレートし、挙げ句に、激昂した男が大声を張り上げ、テーブルの上にあったものを怒りに任せて全部床に落としてしまう、といった見たことのあるシーンです。この後、相手の女はただ震えていて、男は息荒く立ち尽くし次のシーンへ、というのがドラマのセオリーです。

しかし、こういうシーンを見ていると、どうしてもその後を想像してしまうのです。テーブルの上のものをぶちまけて、ただならぬ険悪な雰囲気になった部屋の中、あの後、あの男女はどうするのか？　と想像します。おそらく、頭に血が上っていた男も少しは冷静さを取り戻し、二人ともボソボソと会話を始め、やがて三〇分もしないうちに、二人の心はかなり和み、そのうち男は、「なんかごめんな」と言って、床にぶちまけたものを片付け始める。女も笑いながら手伝い始める。なんなら、いつもより仲良くなって、その後ラブシーンへ。

こういう具合に、**ドラマの放送上ではカットされる場面の続きを想像すると、それはもう、立派なコントになるのです。**

僕が脚本を書いているＮＨＫの『ＬＩＦＥ！』のコントは、特にそこから発想したものが多くあります。シリアスなシーンであればあるほど、コントにとってはいい〝フリ〟となり、その後の展開を想像すれば、それがコントになるのです。

映画『卒業』の有名なラストシーン、ずっと想いを寄せていた女性が今まさに結婚式を挙げようとしている教会に乗り込み、花嫁を連れ出す場面。あれも、続きを想像すると面白くなってきます。映画は、ダスティン・ホフマンと彼が連れ出した花嫁の場面で終わりますが、一方で、騒ぎの起こった教会の方を想像するとたまったものじゃありません。花嫁を奪われた新郎は、その後、参列者にどんな顔をして何と言うんでしょう？　新郎の親族は誰に怒りをぶつければいいんでしょう？　いったい、その場を誰がどう収めるのでしょうか？　もう、想像すると、コントでしかありません。

どんなことにも裏方がいるということ

「発想力を鍛えるためには、物事を別の角度から見てみましょう」

企画の生み出し方系のビジネス書には、必ずこういう常套句(じょうとうく)が登場します。その手の本を読んだことのある方は、どれも似たようなもので辟易(へきえき)していることでしょう。

しかし、このことに関してあえて僕の意見を言わせてもらうなら、「その通り」です。やはり、発想力の鍛え方には、それが一番いい方法ではないかと思うのです。ただ、やみくもに別な角度から見てみようとしたところで、一向に見えてはきません。では、どうすれば別な角度から見ることができるようになるのか、ここではその具体例をお伝えしましょう……。

さて、ここまでつらつらと書いておきながら、ふと気づきました。

出だしからここまで、これこそがよくあるビジネス書の定型になっているのではないかと。やたらと字数を稼いでいるくせに、中身のあることは何も言ってない。最初の一行だけで十分な内容だと思うのです。

……と、ここまで書いたところで、さあ、もうおわかりになったでしょう。とても回りくどいやり方ですが、これが、いわゆる別の角度から見てみるということです。**自分が書いた**

文章をさらに客観的に評する、これは紛れもなく別の角度だと思います。

〝別の角度〟という言葉に惑わされているところもあるかもしれません。僕がよくやっているのは、**裏側を意識するということです。表立って派手なことが行われているものの裏側に目を向けてみると、本質が見えてきます。**

かつて『白線流し』というドラマがありました。ある地方の高校で、卒業生がセーラー服の白いスカーフと学生帽の白線を繋げて近くの川に流すという、有名な卒業のセレモニーを題材にした物語です。僕は、それを見ている時、その川の下流の方がどうしても気になってしまったのです。このセレモニーの翌日になると、たぶん、流されたスカーフと白線の束を下流の方で一生懸命に拾い集める人たちがいるのではないかと。

東京ドームでのあるアイドルグループのコンサートでは、アイドルたちが、かなり高さのあるワゴンに乗ってスタンドの客席近くまでやってくる演出があるのですが、そのワゴンの足下に目を移すと、汗だくの男たちが必死に押しているのが見えてきます。そうなるともう、その足下から目が離せなくなります。

どんなことにも裏方は存在するのです。夜の校舎の窓ガラスを壊して回っても、その翌朝、必ずそれを片付ける大人たちがいるのです。そして、この裏側にいる人々は、コントでは確実に主役になりうる存在なのです。

企画のヒントは半径五メートル以内に転がっている

電車に乗ると、一車両に必ず一人は目が離せなくなる特徴的な人がいるものです。

携帯で大きな声で話すボリュームの壊れている人、パソコンを広げて遠慮なくアニメの動画を見ているサラリーマン、コンビニで買ってきたおでんを堂々と食べている人にも出くわしたことがあります。一車両の中だけでもそういう人がいるわけですから、電車全体ではいったい何人くらいいることでしょう。毎日の通勤、通学の往き帰りには、興味深い人たちがそこかしこに現れます。

終電間近になると、人の往来が激しい改札の前にもかかわらず、自分たちの世界にどっぷりと入り込んでいるカップルがよくいます。真っ直ぐな目で見つめ合い、人間はこんなにも長い時間じっとしていられるのかというくらい微動だにしません。もしかしたら、紙相撲の人形なんじゃないか、地面をトントンと叩いたら、ひょっとしたら抱き合ったまま、動き出すんじゃないだろうかと思うほどです。

こういう人たちを見ると、僕は電車に乗るのも忘れてしばし見入ってしまいます。そして、これはあくまでも個人的な感想ですが、こういう微動だにしないカップルには、どういうわ

け か美男美女がいないような気がします。

それから、何かに気づいた人、何かを見ている人にも、つい目が行ってしまいます。この仕事をしていると、世間に顔が知られている人と食事に行ったり、行動を共にしたりする時がありますが、その時に、**たまたまそこに居合わせた人が有名人に気づいた瞬間のリアクションを見るのが、なぜかとても好きです。**絵に描いたように大きな声を出して大騒ぎする人、気づいたことをそばにいる自分の連れに静かにそっと教える人、冷静な態度で席に案内していたお店の人が、奥の厨房に入るなり「やべえよー！」と叫んでるのが聞こえてくるなど、さまざまなリアクションを見ることができて、とても楽しい場面です。

また、**人が本音を漏らしたり、本当の顔をのぞかせたりする瞬間は実に面白いもので、建前の顔から本音の顔に戻った瞬間、これも決して見逃せません。**

夜の繁華街で、お店のママが表通りまでお客さんを送り出し、気のある素振りを見せながらタクシーに乗せ、見えなくなるまで手を振っています。そして、タクシーが角を曲がったその瞬間、見事にスッと表情が消えます。その時の顔はたまりません。そういう時、人間は、本当にいい表情をします。

ここで挙げたようなことは全部そのままネタになります。**僕は身のまわりの半径五メートル以内で起こることを主にネタにしてきました。**人間観察というのは、わざわざ人の多い場所に行って、目の前を通る人をじっと観察してメモを取る、みたいなことではないのです。ネタは、本当にその辺に転がっています。

〝矛盾〟と〝気まずさ〟から笑いは生まれる

コントのネタがなかなか思いつかなくて困った時、僕は、〝矛盾〟と〝気まずさ〟を頼りにします。この二つの単語からは、笑いが生まれやすいと信じています。

ある日、近所の商店街を歩いていて、シャッターが下りた一軒の店の前を、何か書いてあるなと思いながら一度通り過ぎたところで、違和感を覚えて慌てて戻ってもう一度見直しました。そのシャッターには、こう書かれていたのです。

「二四時間年中無休」。一気にいろんな疑問が浮かんできました。文面から判断すると決して閉まることはないはずの店、なのにシャッターが閉まっている。というより、そもそもシャッターがあるということ自体が……？　この気持ちは何と表現すればいいんでしょう？

こんな矛盾が、周りを見渡せば世の中にはたくさんあります。

そのシャッターの店で軽く動揺した後、近くの本屋に寄ると、売れ筋の本の中に「消費税増税反対」を訴える本が目に留まります。パラパラとめくって閉じた後、最後に値段を見たところで愕然とします。そこには、きちんと印刷された字で「(税込)」と書かれていました。そうです。反対を訴えている本なのに、しっかり消費税が付いているのです。

疑問を抱えながら本屋を出て駅前まで来ると、「ウソのない政治！　正直な政治を目指します！」と声高に謳う政治家の声が聞こえてきます。「私には、正直さしか取り柄がありません！」というその政治家の頭には、明らかにカツラが。これは、もう立派な「ウソ」ではないでしょうか？　どうですか、皆さん！

もう一つ、〝気まずさ〟というのも確実に笑いの種になります。

トイレに入って鍵をかけ忘れ、ドアを開けられたことはないでしょうか？　実家にいた頃、自分の部屋でヘッドフォンを着け、好きな曲に合わせて大声で歌っていた姿を、母親に見られたことはないでしょうか？　この世界は、〝気まずさ〟で満ちあふれています。

たとえば、路上で道を聞かれたとします。知っている場所だったのでていねいに教えてあげます。「ありがとうございました」とお礼を言われ、互いに歩き出します。しかし、たまたま同じ方向に歩き出すことになってしまったら、あなたはどうしますか？　一緒に並ばないようにと、少しゆっくりめに歩いて距離を取ったりするでしょう。しかし、その先の信号待ちでまた並んでしまい、目も合ってしまう。こんなことなら、最初から「同じ方向なので一緒に行きましょう」と言えばよかったと後悔する。しかし、そんな社交的な行いができますか？　僕は無理です。

〝気まずさ〟を味わった分だけ、面白いコントになるものです。

強烈なキャラクターには、必ずモデルがいる

「キャラクターは活き活きと書け」


これも、まだ駆け出しの作家の頃に口酸っぱく言われたセリフですが、その当時は、まったくもって何を言われているか理解できませんでした。

その頃の自分は、変に自分の感性に自信を持っていて、切れ味の鋭いギャグさえ思いつけばいいと思い込んでいる若僧でした。確かに、ショートコントなら通用する場合もあるのですが、少し長めのストーリー展開のあるコントを書く時には、キャラクターというものの重要性にイヤというほど気づかされます。

キャラクターはどうやって作り出すのかをよく聞かれますが、インパクトのあるキャラを考えようとする時、自分の周りに目を移してみると、参考になりそうな人が近くにいるもの

です。

誰もが心当たりはあるはずです。クラスの中に必ずいた人たち。「この子はさ、あんたみたいな男は好きじゃないからね」と、人気のある女子の隣にいつもいて、しゃしゃり出てくる人気のない女子。クラスでどんな騒ぎがあっても常に一歩離れ、我関せずのスタンスを取っている一匹狼（意外に親思いの一面がわかったりする）。

身内の中にも気になる人たちがいます。法事などで親戚が集まった場合、どうしてでしょうか、一つの親族の中に必ず一人は、「変わり者のオジサン」というのがいます。場の空気を読まずに言いにくいことをズバズバと言い、結婚式では泥酔して相手方の親族にも迷惑をかけ、でも、亡くなったおばあちゃんの葬式では誰よりも声を上げて泣きじゃくる、広島や静岡に住んでいるそんなオジサンがいます。

会社に入ると、個性的なキャラクターの数は倍増します。いつ仕事を振っても、「ちょっと今週は時間ないんで」とずっと言っている人。部下がやった仕事をさも全部自分がやったように報告する上司。会議が終わってから、「あれは俺、違うと思うなあ」と言い出す人。

もし今が侍の時代ならば、間違いなくその場で刀を抜いたでしょう。

日常の空間は、キャラクターの宝庫なのです。そういう人たちの仕草、歩き方、口調、僕は、それにちょっと味付けをしてキャラクターとしてコントに登場させています。

一度キャラクターがはまれば、どんどん成長していきます。そうなると、不思議なことに、特に考えなくてもキャラクター自身が勝手にどんどん動いてセリフをしゃべり始めるのです。これはどう説明してもわかってもらえないことなのですが、そんな感覚になる時があります。

キャラクターがヒットするかしないか、今もってそのポイントはわかりません。ただ、大切なことが一つだけあります。

「キャラクターは活き活きと書く」ということです。

細部をひねり出してアイデアを膨らます

放送作家
中野俊成

内村さんとはこの四半世紀、ほぼ毎週、会議で会ってますが、コント台本は初めて仕事をした時から変わらずいまだにうまいなぁと感服します。骨子がしっかりしているし、セリフ運びが巧み。特に唸らされるのは笑いを導くキャラクターの生み出し方。周りにいそうなんだけど、絶対にいない。そのバランスが絶妙ですね。『サラリーマンNEO』を一緒にやってた時、僕は「セクスィー部長」が生まれる瞬間に立ち会ってたんです。監督から沢村一樹さんがやるキャラを作りたいという提案があり、内村さんが「セクスィー部長っていうのはどう？」とアイデアを出した時には唸りました。「セクシー部長？」と聞き返した監督に、笑いながら「セクシーじゃなくてセクスィー！スィーが大事！」とディテールにこだわっていましたが、きっと内村さんの頭に浮かんだキャラが「セクスィー」というニュアンスにピッタリだったんでしょう。「セクシー」だとどこか下ネタに拠るイメージもあって笑いづらいところもあるけど、「セクスィー」になった瞬間、不思議とエロ度は下がって、逆にエロさをネタにして笑いになるイメージに。そのニュアンスの逆転が監督や沢村さんにも伝わって、あのキャラクターに反映されていると思います。結果、そのシーズンの軸となるキャラクターになりましたが、内村さんはそうやって、ていねいに細部をひねり出すことでアイデアを膨らませていくんだと思います。最後に、そんな内村さんは人見知りです。〈談〉

くそう……
帯コメントを頼まれたのに
帯コメントがひねり出せない……
この本を読もう……
——ドランクドラゴン 塚地武雅

これを読んだ人から
新しい放送作家がうまれて、
新しいコント番組がうまれて、
そこに僕がいる。
そんな夢ができました、
内村さん。
—— ムロツヨシ

こうやって笑いの
アドレナリンを出すんだなぁ。
—— ナイツ 塙 宣之

先生がここまで
自分のことを語るとは……
激レアです！
—— ナイツ 土屋伸之

頭の中全部見せてくださった
あんちゃんに、
あの〝魔法の言葉〟おくります。
「内村さんて、
なんか雰囲気ありますね」
——いとうあさこ

スペシャルいとこ対談

現役で走り続ける力

内村光良×内村宏幸

夢＝『サラリーマンNEO』から『LIFE!』へ

光良　まさかあんちゃんがこういう本を出すとは、さすが大器晩成型（笑）。しかし、なんで出すことになったの？

宏幸　編集の人に勧められたんだけど、原稿書き終わった今も、自分でもなんでだかよくわからない（笑）。

光良　その原稿、ざっと読ませてもらったんだけど、あんちゃんにとっては、やっぱり『サラリーマンNEO』が大きかったんだな、と。

宏幸　うん、ウッチャンナンチャンから初めて離れて、作家として一から試されたというか、起ち上げからやった番組だったから。原稿にも書いたけど、そこにあなたをゲストで呼ぶのが夢で。その夢が実現できた番組だった。

光良　でも、あの時の俺はアウェー感があった（笑）。

宏幸　もう土俵が出来上がってたからね。

光良　完全に浮いてた、俺。一人だけ顔に塗りたくっちゃって（笑）。

宏幸　ゲストで出たのは一日だけだったから。

光良　慣れないまま終わったというか。

宏幸　でも、あのゲスト出演が『LIFE!』に繋がってるんだから、そういう意味では大きかったわけで。しかし、役者さんと芸人さんでは、コントの作り方も違うよね。『サラリーマンNEO』は最初の頃、コント番組の経験者が俺しかいなかったんだよね。だから、フジテレビでやってたことをスタッフに説明して、それをやってはみたんだけど、いかんせん演者が役者さんだから、そこには役者さんの想いがあって。リハーサルが終わるたびに楽屋へ戻って素に戻る、みたいな。芸人さんは、スタジオの隅に「たまり」っていう場所があって、そこで雑談しながらテンションを高めていく、みたいな作業をするでしょ。

光良　『LIFE！』では「たまり」を導入してるよね。リクエストに応えて、いろんなお菓子を置いてくれて。あそこでみんなと擦り合わせできるのがいいんだよね。

宏幸　しかし、役者さんがコントをやるのは大変だと思うんだよね。ドラマだとワンカットずつ撮るけど、コントはアタマからケツまで一気に撮るから。最初は、芸人さんのやり方についていくのは大変だっただろうな、と。でも、『LIFE！』は役者さんと芸人さんが一緒にやっているけれど、どちらも、うまくやってくれているよね。

光良　役者さんには役者さんのアプローチの仕方があるし、人それぞれでみんな違うよね。お笑い芸人は、アドリブをリハーサルではやらずに、本番まで隠し持ってたりする。それに面食らう役者さんもいるけど、好んで受けてくれる人もいるし。芸人としては、それを楽しんでもらえるとうれしいんだけど。

宏幸　俺はアドリブについては、全然ＯＫ。どんどんやってくれていい。ただし、台本より面白くしてほしい。正直、そうじゃないこともあるけどね（笑）。

光良　いや、演じる方も、台本が面白かったら、それに応えなきゃと思ってやってますよ！　俺は

内村光良（うちむら　てるよし）

1964年、熊本県生まれ。横浜放送映画専門学院演劇科に在籍中、同級生の南原清隆とコンビを結成し、1985年にお笑いコンビ「ウッチャンナンチャン」としてデビュー。お笑い芸人や俳優、映画監督、作家として活躍。NHKのコント番組『LIFE!』では座長を務める。著書に小説『金メダル男』（中公文庫、2016年）ほか。映画監督・脚本作品に、『ピーナッツ』（2006年）、『ボクたちの交換日記』（2013年）、『金メダル男』（2016年10月22日公開）。宏幸氏は2歳違いのいとこ。

最近、役者寄りというか、アドリブじゃなくて、作家さんが書いたセリフを台本通りきっちりやって笑わせるという方向でやるようにしてるんだよね。最近、ムロツヨシ君、星野源君がスターになってきて、あの二人だけでもコントが成立するようになってるし、役者寄りもあれば、お笑い寄りのコントもありで、いいバランスになってるよね。特に星野君は大化け！

宏幸　あの番組で、「朝ドラ」に対抗して「夜コン」（夜のコント）というのを広めたいんだけど、それがあんまり広まらなくて（笑）。いや、真面目な話、俺は『ＬＩＦＥ！』をさらに壮大に、テレビ番組の枠に収まらずに、いろんな顔を見せていきたいんだよね。ただのコント番組じゃないものにしていけたら、と。だからって、具体的に何か考えてるわけじゃないんだけど。

光良　俺はすそ野を広げたい、もっと多くの人に見てもらいたいと思ってる。若い人たちが食いついてくれてるから評価されてるんだろうけど、より一層コントに精進していきたい、と。『サラリーマンＮＥＯ』は国際エミー賞にもノミネートされたし、『ＬＩＦＥ！』もエミー賞あたりを目指そうと頑張ってます！

宏幸　いやいや、目指すんじゃなくて超えるつもりで（笑）。

あの頃
＝少年時代からアパート同居時代

光良　あんちゃんとは物心ついた時から一緒にいて、いつも笑い合ってたけど、まさかそれが仕事になって、五〇歳過ぎても一緒にやってるなんて、少年時代には思いもしなかった。だいたいあんちゃんが笑わせてくれる方だったよね。

宏幸　そう、昔は俺の方が面白かったんだから（笑）。

光良　そういえば、俺はいつも受け手側だった。
宏幸　そのあたり、もっと強調しといて（笑）。
光良　バカみたいに、キャッキャキャキャッキャ笑ってた。
宏幸　高校生の時が俺のピーク（笑）。
光良　あんちゃんが高三で、俺が高一の時、うちに来て、自転車に乗ったのに帰らないっていうのを三〇回くらいやったことあるよね。
宏幸　すごいね、そんなこと覚えてるなんて！ジョギングしながらあなたの家の前を通るんだよね。通り過ぎればいいのに、なぜか寄っちゃう。それがちょうどごはん時で、食べて、シャワー浴びて、そのまま帰ればいいのに、帰る振りして何度も戻って（笑）。
光良　ほんとにしつこくて、帰らない（笑）。それを見て、俺は道端でキャッキャ笑って。
宏幸　俺はそれが楽しくてねぇ。
光良　いや、何て無駄な時間を過ごしてたんだって（笑）。無駄な時間、いっぱい共有したよね。
宏幸　そう、その時期に俺が笑いの基礎を教えたんだって。ヒーヒー笑ってたもんね。
光良　ほんっとに無駄な時間！（笑）
宏幸　いやいや、結果オーライでしょ。大成功したんだから。
光良　アッハッハッハ！　でも、その後もあんちゃんのお世話になって、今に繋がってるよね。だけど、横浜の妙蓮寺のアパートに住んでた時のあんちゃんはほんとにひどかった！「この人は、なんて無駄に人生を生きてるんだろう。こうはなりたくない」って、俺は踏ん張った（笑）。
宏幸　あの頃は将来のことなんて、まったく考えてなかったからなぁ。
光良　言っとくけど、あの怠惰さは家系じゃないからね。俺の方がマシ。だって、俺が朝出かけて夕方帰ってきたら、あんちゃん、同じ姿勢のままだったんだから。そりゃ床ずれもできるわ。

宏幸　あの頃は二四歳かなぁ。同級生はサラリーマンやってたからなぁ。

光良　東白楽、妙蓮寺と四年間一緒に暮らして、「もうこの生活とはオサラバしなきゃ」って、俺は一人暮らしを始めた。このままでは自分はダメな人間になってしまう、と。

宏幸　アハハハハハ！

光良　ま、ほんとは『お笑いスター誕生!!』で優勝したから、その賞金で引っ越しできたんだけど。

宏幸　あの時、俺は捨てられたわけですよ（笑）。

光良　あの頃はあんちゃんにネタ見せをしてたんだけど、よく付き合ってくれてたよね。

宏幸　時間だけは腐るほどあったから。

光良　「お笑いスタ誕」はオーディション番組だったから、応援を兼ねて来てくれて。でも、一番芸能界を感じたのは『オールナイトフジ』。

宏幸　そうだね、あれはザ・芸能界だった。

光良　あそこでキョンキョンを見た時は舞い上がったもん。「お笑いスタ誕」の収録はボクシングの試合なんかをやる後楽園ホールだったし、血の付いた楽屋で、全然、雰囲気が違ってた。

宏幸　うん、あれは思いっ切り「戦い」っていう感じだった。でも、最初はバカにしてたんだよね。映画監督目指して出てきたやつが、漫才のネタ作ってんだから。

光良　当時はお笑い目指す人が少なかったからなぁ。今みたいに、お笑い目指して上京するなんて考えられない時代だった。危なかったなぁ、一生バカにされて終わってたかもしれない。

宏幸　だけど、面白いから俺は笑ってたよね。まぁ、暇でやることなかったし（笑）。貧乏だったなぁ、あの頃。

光良　貧乏だった。ほっかほっか亭の唐揚弁当がすっごく楽しみで。でも、あんちゃんもなかなか強運の持ち主だよね。何にもしてないのに、放送作家になってるんだから（笑）。

宏幸　周りをうろうろしてただけだもんね（笑）。流れに身を任せて。

光良　水の如くね（笑）。

宏幸　くっ付いてテレビ局に行くのが、すごく楽しくて。当時は簡単にテレビ局に入れたんだよね。適当に「ナントカです」って番組名言えば「はい、どうぞ」って。実在しない番組なんだけど（笑）。

「高校生くらいまでは俺の方が面白かった」

光良　でもあの頃、ディレクターさんとか、出会いがあって。

宏幸　本当にいい人たちと出会った、運の強さだけで（笑）。

作家と演者
＝あんちゃんの作風、ウッチャンの芸風

光良　いろんな作家さんのネタをまとめてチェックすることがあるんだけど、もう長いことやってるから、だいたいあんちゃんのはわかる。「おお、まだ現役でこういうのが書けるんだ！」と。

宏幸　そういうこと、もっと言っといて（笑）。

光良　それぞれの作家さんによって作風は違うわけだけど、〝あんちゃん色〟っていうのが構築されてるよね。

宏幸　俺の色って？

光良　あんちゃんの「社交辞令は許さない」っていうコントがあるでしょ。それまでは俺が書いてたけど、ウッチャンナンチャンの、俺じゃない人が書いた最初のコント。あれがずっと根本にあって、今に繋がってるんじゃないかなぁ。もちろ

ん、長くやってきて力は付いてきてるんだろうけど、根本的なセンスは変わってないと思う。俺もデビュー作の「素晴らしきイングリッシュの世界」が、今でも自分の作風に繋がってると思うし。

宏幸　人によっていろんなネタの作り方、作風があるけど、俺は身近なこと、自分が経験したことしかネタにしないからね。

光良　身近なネタといえば、今回の原稿で知ったんだけど、「関東土下座組」や「トシとサチ」（共に『笑う犬』シリーズの中のコント）にも、モデルがいたんだね。

宏幸　うん。「関東土下座組」はあなただけが笑ってくれたんだよ。それはよく覚えてる。

光良　あれは文句なく二重丸付けた！

宏幸　だから救われたんだけど、ほかには誰も面白いと言ってくれなかったんだから（笑）。

光良　あのコントで、「あ、俺はこんな役もできるんだ」って感じたんだよね。

宏幸　それはどういうところで？

光良　二〇代の頃は、ああいう役をやったことなかったから。三〇代になって初めてああいう演技ができて、「俺も結構幅広げたな」みたいな（笑）。「トシとサチ」も切れのあるコントだったよね。タモリさんも気に入ってたって。

宏幸　そうなの？　へぇ！

光良　自販機の前っていう、あの空間が独特でいいよね。「何食べたい？」「パン」っていう、あのひと言であのコントはシリーズになったようなもんで。

宏幸　俺はそういう身近なことしかネタにしない

「お互い、サラリーマンには絶対向かないタイプ」

んだけど、昔、「マルクス兄弟を見ろ」ってよく言われたじゃない。

光良　うん。

宏幸　否定するわけじゃないけど、一〇〇年近く前のものだからねぇ。それを見て笑えるかって言われると……。マルクス兄弟には、お笑いの基本はある。でも、今笑えないのは、芸風にもよる。

光良　俺は、動きの笑いは結構好きなんだよね。キートンもチャップリンもそうだし。古いコメディ映画はだいたい見てるけど、やっぱ体を張った笑いが好きで。好きだから、今も体張ってやってるし。

宏幸　でも、マルクス兄弟を見てなくても、その人なりのお笑いのスタイルもあるのかなぁと。

光良　笑いって空気だよね。これまで「笑いとは？」なんて突き詰めずに自然にやってきたけど、演者としては「空気作り」というのは、ある。笑いに向いている空気の流れ。ウケない時は、空気の流れが悪い。会場全体の空気の流れが悪くて、早口になっちゃって、余計ウケなくなる。逆に、スッと笑いに持っていく空気の作り方がうまくいけば、言葉でも動きでも、笑いが生まれる。だから「本番一〇秒前」って言われた時の、スタジオの空気の持っていき方が演者としての楽しみでもあるんだよね。

宏幸　しかし、こういう細かいことって、いつもはほとんど話さないよね。

光良　うん、もう長いことやってるからね。

宏幸　だからもう新鮮さがない（笑）。

光良　私の引き出しにも限界がありますから（笑）。しかし、コントってウケない時はウケないよね。だいたいテイクワンなのに、ウケないから何度も撮り直したのもある。ほら、あの「洗濯機くれ」しか言わないやつ。

宏幸　去年、『ＬＩＦＥ！』でやったコントね。

光良　あれはカツラや衣装でキャラクターを変え

て四回も撮り直して。あれもその時の空気で、やっぱり面白くなかったんだろうなぁ。現場でもウケなかったし。ああいうネタは、完全におかしな人に見えちゃうと、笑えないんだよね。その境界線が非常に難しくて、その辺の持っていき方に失敗したんだろうなぁ。だからあれは、台本というよりも、演者としての力量不足なのかな、と。結局、本放送では使われず、後日、未公開分として流したけど、さっぱりウケなかった。恐いよね、ウケない時の空気って。

宏幸　ウケない恐さは、もちろん作り手にもある。ダイレクトに返ってくるから。でも、結局、最後は演じる人にかかってくるから、俺はどこかで無責任でいられるんだよね。

光良　（微妙な間があいて）アッハッハッハ！

宏幸　俺は表に立ったことがないから、唯一そこだけはわからないんだよね。お客さんとの間合いとか、あるんだろうとは思うんだけど、想像でしかない。だから今、聞いてて、「なるほど、そういうことなんだなぁ」と。

光良　それは演者と作家さんの違いだね。

宏幸　でも、あなた、昔は、どちらかというと作り手側だったよね。中学で、作・演出の舞台やってたんだから。それで映画学校に入って、自分で作った映画を見て感動してた。

光良　アッハッハッハ！（バカウケ）

五〇代
＝変わったこと、変わらないこと

光良　五〇代にはなったけど、精神状態、心持ちは幼いまま変わらないんだよね。二〇代、三〇代の頃と何も変わってない。芸風もずっと変わってないと思うし。すぐにパンツ脱ぐような芸風じゃない（笑）。下ネタ、大好きなんだけど、言うと引くんだよね、周りが。だから抑えてる。

宏幸　世間が許さない！（笑）

光良　心持ちが変わらないのは、やってることが変わってないからで。「マモー」（過去に『ウッチャンナンチャンのやるならやらねば！』で演じたキャラクター）も「宇宙人総理」（現在『ＬＩＦＥ！』で演じるキャラクター）も顔に塗りたくって、まったく同じだし（笑）。サラリーマンなら部長クラスの歳なのに、心持ちはあの頃のまんま。

「ウケない時の恐さは作り手にもあるけど、演者はそれ以上だよね」

宏幸　でも、最近は、かわいそうなオッサンキャラが多いよね。

光良　星野源君がやってるような役を、昔は俺がやってたんだけど（笑）。

宏幸　さすがに、高校生とか大学生の役にはもう参加できないでしょ。だから、そこに間違えてやってきたオッサン。

光良　アハハハハハ！　悲しい役しかない！（笑）鏡の前にハゲヅラしか置いてないんだもん（笑）。それを田中（ココリコ田中直樹）と持ち回りで（笑）。

宏幸　俺もずっとコントを書いて、出して、直して、収録現場に行ってと、同じことをやり続けてるから、変わらないよねぇ。お互い、お笑いをやり続けてるわけだけど、サラリーマンになってたら、すごく使えなかったと思う。二人とも（笑）。

光良　どうしようもない二人。

宏幸　だから五〇歳過ぎて、この仕事でよかったなぁ、と。

光良　でも、南原はうまくやれそうなタイプだよね。ちゃんと『ヒルナンデス！』（日本テレビの昼の帯番組）やってるし（笑）。

宏幸　うん、サラリーマンになってたら、意外と出世してたかもしれない。

光良　俺とか出川哲朗は無理（笑）。だけど、今年、坐骨神経痛になって五〇代であることを実感してるんで、動きのあるコントはやれる時にやっとかないと、と思ってるところで。そういう台本を書いていていただきたいですね。

宏幸　普通の動きが面白いってなっちゃうと、それは違うからね。そこは出川哲朗君に任せとかないと（笑）。

光良　しかし、あんちゃんは五〇歳過ぎるまでネタを書く作家として、よくブレずにやってきたよね。放送作家にもネタ系が得意な人と企画系が得意な人がいるけど、ネタ系のコント作家としての、その現役感がすごい！　この歳になって大御所になってない、という（笑）。いや、いい意味で（笑）。

宏幸　あ、そういうの大事だから、ここでちゃんと言っといて。

光良　「ちょちょちょと書いといて」とか、言うだけの人っているじゃない、五〇歳も過ぎると。そうなってないもんね。

宏幸　いや、正直、本人も五〇歳過ぎてこんなに書いてるとは思ってなかった。だいたい『笑う犬』で声をかけられた時、若い人が書いたコントを一段上の立場でまとめる役割かと思いきや、最前線で突撃〜！　みたいな（笑）。

光良　ずっと最前線（笑）。

宏幸　五〇過ぎても（笑）。

「あんちゃんの現役感もすごい。まだまだ最前線！」

ひねり出す力
＝とにかくいっぱい書いてきた

光良　コント番組は、まず作家さんだよね。台本がないと成り立たないから。だから、作家さんには生みの苦しみがあるんだろうなぁ。命を削って書いてると思うし、すごい作業だと思う。俺だったら放送作家はやってられなかっただろうなぁ。

宏幸　うん、あなたは向いてない（笑）。

光良　いや、さんざん書いてきたし！（笑）

宏幸　でも、共同作業があんまりできないからねぇ（笑）。

光良　アッハハハッ！（バカウケ）

宏幸　スポーツも、チームプレイが苦手だったじゃない。

光良　そんなことないって！　野球部だったわ！頑張ってやっとったわ！（笑）

宏幸　高校の時、バスケットボールやってるのを見たことがあるんだけど、コートの端っこにずーっと立ってて、手を振ってるのに誰もパスしないっていう（笑）。

光良　ウヒャヒャ、やっぱ向いてなかったかも（笑）。

宏幸　教壇に上がって先生のまねとかする人は、たぶん芸人さんになるんだよね。あなたはそっちのタイプだけど、俺は教室の隅っこで三〜四人を相手に笑わせてるのが好きだったから、演者じゃなくて裏方になるタイプで。

光良　作家としてのあんちゃんは、「ミル姉さん」「小須田部長」（共に『笑う犬』シリーズの中のコント）あたりが脂が乗ってたよね。

宏幸　年齢的にもそうだろうね。

光良　俺も三〇代で体もよく動いてたし。あの頃のあんちゃんの作品は、代表作になってるよね。あの頃が充実してたから、『サラリーマンNEO』

に繋がっていったわけで。二〇代でいろいろ学ばれたんでしょうねぇ（笑）。

宏幸　いやいや、ウッチャンナンチャンのおかげですよ（笑）。

光良　いや、先輩作家のやり方を見ながら、「そうか、こうやって持っていくのか」というのを勉強しつつ、三〇代で花開き、四〇代ではそれを応用して、ネタをひねり出す力を付けていったんだろうな、と。俺もそうだけど、次から次に斬新なアイデアなんて、なかなか難しいから。コントみたいに何百本もひねり出さなきゃならない世界だと、何かの応用が当然、出てくるよね。その中から珠玉の一本が出ればいい。だから、ほんとにいっぱい書いてきたんだと思う。

宏幸　確かに、いっぱい書いてきたね。締切があるから、何も書いていかないというわけにはいかなくて。あの頃は「書いて出さなきゃ」という思い、白紙じゃ出せないという恐怖感の方が強くて。「思いつきませんでした」では、代わりの人はいっぱいいるわけだから、毎週毎週、何か書いて出してた。あれで訓練されて、何かしらひねり出す習性が身に付いたんだと思う。

光良　そんな恐怖感というか、重圧がかかってたなんて、気づかなかったなぁ。まぁ、あの頃は、こっちはこっちで一生懸命だったから。でも、締切というのはよくわかる。「ラ・ママ新人コント大会」に毎月出てたじゃない。出る以上はネタが必要だから、もう何でもいいからひねり出してた。だから今、あんちゃんの話を聞いてて、締切って大事なんだなぁと。締切があるから、ひねり出せる。すごく強引に力技でオチに持っていくとか。

宏幸　まぁ、それで失敗することもあるんだけど（笑）。

光良　でも、締切って、よくできてるよね、人間社会。

宏幸　うん、締切がなかったら、俺は何もやらないだろうなぁ。

光良　だから逆に、締切に向いてるタイプなのかもしれないね。締切があったから、今、生きていられるようなもんで（笑）。

いとこ

＝あの頃も、これからも

「50過ぎてもこんなに忙しいあなたはほんとにすごいと思う」

光良　中学の時、クラス劇であんちゃんが舞台を通過するだけの役をやったでしょ。あれがウケたんだよね。

宏幸　よく覚えてるな、そんなこと！

光良　あれは空気を摑んでいた。笑いを持っていったな、うちのいとこは、って思った。

宏幸　本当はセリフのある役だったんだけど、人前で何かをするのがイヤで恥ずかしくて、あの役に変えてもらったんだよね。

光良　なるほどね～。

宏幸　で、「二時間後」って、時間経過を知らせる看板持って通り過ぎただけでウケた。あの時、お笑いの味を知ったのかも（笑）。

光良　しかし、あの頃からあんちゃんと俺の関係って、変わらないよね。

宏幸　うん、一緒に暮らしてた頃までは熊本弁だったけど、仕事を始めてから方言で話さなくなったくらいかなぁ。まぁ、こういう仕事してて、周りにスタッフがいる時に、一瞬いとこ同士の会話になるのは恥ずかしいけどね。

光良　「正月、どうするの？」とか、小声になるよね（笑）。

宏幸　でも、ヒソヒソ話すとみんな余計に聞きたがるから、余計に恥ずかしくなって（笑）。それくらいで、二人の関係は変わってない。

光良　幸せだよね、今もスタジオコントやれてるんだから。やりたくてもできない人が多いのに。今の環境をすごく幸せに感じてるから、余計頑張らなきゃな、と。

宏幸　俺は、あなたが五〇歳を過ぎてもこんなに忙しくて、頑張ってるのは、単純にすごいと思うんだよね。小さい頃は調子に乗って、「ここぞ！」という時、いつも熱を出してたじゃない。その子どもが大きくなって、無茶をしてるというか（笑）。

光良　熱は今も出る（笑）。はしゃいだり浮かれたりすると。昔、出川たちと新島にナンパに行こうって出かけて、あまりにもはしゃいじゃったもんで熱中症になっちゃって。民宿のおばちゃんに三日間、看病されて帰ってきた（笑）。

宏幸　なんか、そういうところがあるよねぇ（笑）。最後に、せっかくの機会だから聞きたいんだけど、個人的に思うのは、「すごくいい人」っていうキャラクターはつらくないのかなぁ、と。

光良　アハハハハ！　俺がいい人って、まじ？

宏幸　だって、「ウッチャンはすごくいい人だ」って、よく聞くんだよ。「俺もそうなんだけどね」って返すんだけど（笑）。でも、世間からそう言われるのって、つらくないのかなぁって。

光良　アハハハハ！

宏幸　だって、芸能人になって注目されて、ただでさえ悪いことできないのに、「すごくいい人」だなんて言われて。

光良　いや、そんなことないって！

宏幸　最近、特にそう思うんだよね。だって、「クイズやさしいね」（『優しい人なら解ける クイズやさしいね』、二〇一五年～、フジテレビ系列）とかできないでしょう、普通。

光良　アハハハハ！（バカウケ）

宏幸　いや、あの企画は見事だと思うけど、でも、つらいんじゃないかなぁ、息苦しくならないのかなぁって。
光良　いや、俺も毒吐きますよ。下ネタ、エロ大好きだし！　その辺の男ですよ（笑）。
宏幸　ほんとに時々、プライベートの時にちょっと毒を吐くの、面白いよね（笑）。いやいや、ここでは内容は言いませんけど（笑）。
光良　いろいろありますよ、人間ですからね。私も聖人君子じゃありませんから！（笑）
宏幸　でも、世間からいい人というイメージで見られてるのは、ほんとはつらくないの？
光良　まだ言う？（笑）でもまぁ、これからもお互い、コントを続けていけるといいよね。
宏幸　体が動く限りはやり続けてほしいし、俺もやり続けていきたいね。

〈対談日／二〇一六年五月二八日〉

あとがき

僕は、放送作家としてデビューして今日まで、ずっと奇跡が続いていると思っています。こんなに恵まれて順調な道のりは、奇跡以外には考えられないのです。

でも、その奇跡は、自分が起こしたものでは決してありません。これまで出会った人たち、とりわけ、この本のためにコメントを寄せてくれた面々が、その都度、魔法をかけてくれたのだと思います。

そして今回も、魔法をかけに出版界からやってきてくれました。

ちょうど一年前、昨年の夏に、「本を出しませんか」という魔女の囁き（ささや）を聞きました。最初は耳を疑いました。自分がやってきたことなんて誰が興味あるんだろうかと……（ちなみに、この気持ちは、書き終えた今も変わっていません）。

半信半疑な僕を、はるばる魔法をかけにきてくれた編集の宮村美帆さんが、他愛もない雑談を拾い上げ、本として成立するように構成してくれました。まったくピンと来てない僕を一生懸命励ましながら、書く勇気を与えてくれました。他にも、この出版企画を社内で通すという一番難しい魔法を、集英社クリエイティブの根岸由希さんはじめ、各部署の皆さんがやってのけてくれました。感謝しかありません。

今回もまた、流れに身を任せてみたら、一冊の本が出来上がりました。

自分に与えられたものに真面目に取り組んでいれば、その姿を誰かがきっと見てくれている。やがてそれが、また新しい出会いに繋がるんだと、改めて実感できました。

これまでの仕事をまとめたといっても、どう捉えても、一部は、ほぼ自慢話だったり、身内で褒め合っているような対談だったりしますが、それでも、ここに記したことで、世の中の誰か一人でも、気持ちが和らいだり、何かのヒントになったり、ほんのわずかでも力になったのであれば、出版した甲斐があるというものです。ここまでお付き合いいただき、ありがとうございました。


最後に。

この本を執筆中に、父が他界しました。本を出す予定だと話した頃は、まだ元気に笑顔を見せてくれていましたが、残念ながら手渡すことは叶いませんでした。通夜、葬儀の時も、合間を縫って原稿を書き進めていました。おかげで、一生思い出に残る出来事になりました。仏前に供えたいと思います。

二〇一六年六月

内村宏幸

崎美子・田口浩正ほか

『爆笑レッドシアター』

① 2009年4月～2010年9月　②フジテレビ　③内村光良・狩野英孝・しずる・ジャルジャル・はんにゃ・フルーツポンチ・柳原可奈子・ロッチ・我が家ほか

『バカヂカラ』

① 2009年4月～2011年3月　② TOKYO MX　③オアシズ・アンジャッシュ・おぎやはぎほか

『祝女　～shukujo～』

① 2010年～2012年（Season1～3）　② NHK　③市川実和子・入山法子・臼田あさ美・ともさかりえ・友近・YOUほか

『LIFE！　～人生に捧げるコント～』

① 2012年9月～　② NHK　③内村光良・田中直樹・西田尚美・星野源・石橋杏奈・臼田あさ美・ムロツヨシ・塚地武雅・吉田羊ほか

『AKB48 SHOW！』

① 2013年10月～　② NHK（BSプレミアム）　③ AKB48・SKE48・NMB48・HKT48・NGT48

『となりのシムラ』

① 2014年12月、2015年8月・12月、2016年3月　② NHK　③志村けんほか

● ドラマ

『ウッチャンナンチャンのコンビニエンス物語』

① 1990年4月～5月　②テレビ東京　③ウッチャンナンチャン・勝俣州和・あき竹城・前田吟ほか

『生かし屋という男』

① 1997年4月　②テレビ朝日　③内村光良・木村佳乃・北村総一朗・入江雅人・相島一之・天野ひろゆき・ウド鈴木ほか

『スティング松岡 危機一髪！』

① 2006年12月　②フジテレビ　③内村光良・和久井映見・神山繁・鷲尾真知子・田中要次・火野正平ほか

〈舞台〉 ①上演年・会場　②企画・制作　③主な出演者

『劇団SHA・LA・LA第4回公演「THREE DOORS」』

① 1988年9月・こまばアゴラ劇場　②③劇団SHA・LA・LA

『劇団SHA・LA・LA第5回公演「DONPACHI！」』

① 1989年4月・新宿シアターサンモール　②③劇団SHA・LA・LA

『劇団SHA・LA・LA第9回公演「Hey！ Tokyo」』

① 1991年2月・下北沢本多劇場　②③劇団SHA・LA・LA

『おかあさんといっしょ　ファミリーコンサート　マチガイがいっぱい!?』

① 2007年5月・NHKホール　② NHKエデュケーショナル　③今井ゆうぞう・はいだしょうこ・小林よしひさ・いとうまゆほか

舞台『祝女　～shukujo～』

① 2014年2月・天王洲銀河劇場ほか　②エイベックス・ライヴ・クリエイティヴ　③友近・大久保佳代子・市川実和子・佐藤めぐみ・入山法子・早織・YOU・入江雅人・永岡佑・川久保拓司

舞台『祝女　～shukujo～　season 2』

① 2015年10月～11月・草月ホールほか　②エイベックス・ライヴ・クリエイティヴ　③友近・ともさかりえ・入山法子・早織・YOU・堀部圭亮・長谷川朝晴・大村学

〈映画〉 ①公開　②監督　③主な出演者

『サラリーマンNEO 劇場版（笑）』

① 2011年11月　②吉田照幸　③小池徹平・生瀬勝久・伊東四朗・大杉漣・篠田麻里子・郷ひろみ・麻生祐未・宮崎美子・平泉成・沢村一樹ほか

内村宏幸　主な番組・作品リスト

〈テレビ番組〉 ①放送期間　②制作局　③主な出演者

● バラエティ

『笑いの殿堂』
① 1988 年 7 月～ 1989 年 10 月、1991 年 1 月 ②フジテレビ　③ウッチャンナンチャン・ピンクの電話・石塚英彦・おきゃんぴー・爆笑問題・磯野貴理子・入江雅人ほか

『オレたちひょうきん族』
① 1981 年 5 月～ 1989 年 10 月　②フジテレビ ③ビートたけし・明石家さんま・島田紳助・山田邦子・片岡鶴太郎・コント赤信号ほか

『夢で逢えたら』
① 1988 年 10 月～ 1991 年 11 月　②フジテレビ ③ダウンタウン・ウッチャンナンチャン・清水ミチコ・野沢直子ほか

『ウッチャンナンチャンの誰かがやらねば！』
① 1990 年 4 月～ 9 月　②フジテレビ　③ウッチャンナンチャン・出川哲朗・入江雅人・ちはる・名古屋章・菅井きん・小倉久寛・原田知世ほか

『ウッチャンナンチャンのやるならやらねば！』
① 1990 年 10 月～ 1993 年 6 月　②フジテレビ ③ウッチャンナンチャン・出川哲朗・勝俣州和・入江雅人・ちはる・神田利則・桜井幸子・小倉久寛・名古屋章ほか

『ダウンタウンのごっつええ感じ』
① 1991 年 12 月～ 1997 年 11 月　②フジテレビ ③ダウンタウン・今田耕司・東野幸治・130R・YOU・篠原涼子・西端弥生・松雪泰子・伊藤美奈子・吉田ヒロ・山田花子ほか

『UNNAN 世界征服宣言』
① 1992 年 10 月～ 1995 年 3 月　②日本テレビ ③ウッチャンナンチャンほか

『お茶と UN』
① 1993 年 10 月～ 1994 年 3 月　②テレビ朝日 ③ウッチャンナンチャンほか

『ゲッパチ！UN アワーありがとやんした !?』
① 1994 年 4 月～ 9 月　②フジテレビ　③ウッチャンナンチャンほか

『ウッチャンナンチャンのウリナリ !!』
① 1996 年 4 月～ 2002 年 3 月　②日本テレビ ③ウッチャンナンチャン・キャイ～ン・K2・よゐこ・千秋・ビビアン・スー・藤崎奈々子ほか

『ウンナンの気分は上々。～ FEEL SO NICE』『新・ウンナンの気分は上々。～ NEW FEEL SO NICE』
① 1996 年 7 月～ 2003 年 9 月　② TBS　③ウッチャンナンチャンほか

『笑う犬』シリーズ
(『笑う犬の生活 -YARANEVA!!-』『笑う犬の冒険 -SILLY GO LUCKY!-』『笑う犬の発見 Go with flow!』『笑う犬の情熱 Gonna go crazy! Funky Dogs』『笑う犬の太陽 THE SUNNY SIDE of Life』『笑う犬 2008 秋』『笑う犬 2010 寿』『笑う犬 2010 ～新たなる旅～』)
① 1998 年 10 月～ 2003 年 12 月、2008 年 9 月、2010 年 1 月・10 月　②フジテレビ　③ウッチャンナンチャン・ネプチューン・中島知子・遠山景織子・ビビる大木・ベッキーほか

『内村プロデュース』
① 2000 年 4 月～ 2005 年 9 月　②テレビ朝日 ③内村光良・さまぁ～ず・TIM・ふかわりょう・出川哲朗ほか

『ウンナンさん』
① 2003 年 9 月～ 2004 年 3 月　② TBS　③ウッチャンナンチャン・内村宏幸

『サラリーマン NEO』
① 2004 年・2005 年（単発）、2006 年～ 2011 年 (Season1 ～ 6)　② NHK　③生瀬勝久・沢村一樹・中越典子・入江雅人・平泉成・原史奈・宮

内村宏幸（うちむら・ひろゆき）

放送作家。1962年、熊本県生まれ。1988年、フジテレビ『笑いの殿堂』で放送作家としてデビュー。以降、『オレたちひょうきん族』『夢で逢えたら』『ウッチャンナンチャンのやるならやらねば！』『ダウンタウンのごっつええ感じ』『笑う犬』シリーズ（以上フジテレビ）、『ウンナンの気分は上々。』（TBS）、『内村プロデュース』（テレビ朝日）、『サラリーマンNEO』『祝女　～shukujo～』『LIFE！　～人生に捧げるコント～』『となりのシムラ』（以上NHK）など、数々の人気番組のコントを手がける。これまでに書いたコント作品は5000本以上。著書に『サラリーマンNEO　内村宏幸オリジナルコント傑作集』（光文社文庫）がある。愛称は「あんちゃん」。

ブックデザイン　尾原史和
山城絵里砂
（SOUP DESIGN）
装画・挿画　長場 雄
編集協力　井下優子
写真撮影　上山 忍
協力　マセキ芸能社

ひねり出す力
"たぶん"役立つサラリーマンLIFE！術

2016年7月31日　第1刷発行

著　者　内村宏幸
発行者　太田富雄
発行所　株式会社　集英社クリエイティブ
〒101-0051　東京都千代田区神田神保町2-23-1
電話　03-3239-3813
発売所　株式会社　集英社
〒101-8050　東京都千代田区一ツ橋2-5-10
電話　03-3230-6393（販売部・書店専用）
03-3230-6080（読者係）
印刷所　凸版印刷株式会社
製本所　ナショナル製本協同組合

ISBN978-4-420-31074-1　C0095